Vom Rittergut
zur landwirtschaftlichen
Lehr- und Forschungsstation

Geschichte eines rheinischen Hofes

Gabriele Wasser

Vom Rittergut

zur landwirtschaftlichen

Lehr- und Forschungsstation

Geschichte eines rheinischen Hofes

Bibliografische Information der Deutschen Nationalbibliothek: Die Deutsche Nationalbibliothek verzeichnet diese Publikation in der Deutschen Nationalbibliografie; detaillierte bibliografische Daten sind im Internet über http://dnb.dnb.de abrufbar.
3. überarbeitete Auflage

weitere Mitwirkende: Dr. Josef Griese
Herstellung und Verlag: BoD – Books on Demand, Norderstedt
ISBN: 9783-749 409 433

Inhaltverzeichnis

Vorwort

Frankenforst, das war für mich annähernd grenzenlose Freiheit, eine Kindheit und Jugend gelebt in und mit der Natur, wie es heute Kindern und Jugendlichen leider kaum mehr möglich ist. Mein Vater ist Professor Dr. Heinrich Havermann der von 1949 an bis zu seinem Tode 1971 Direktor des Gutes Frankenforst war.

Ich habe die Entwicklung des Hofes zuerst mit Kinderaugen wahrgenommen, später mit dem wachen Interesse einer Jugendlichen und schließlich als Erwachsene, das Erfahrene zu werten gelernt und eingeordnet.

Professor Dr. Georg Rothes, der Lehrer und Vorgänger meines Vaters, war mir über viele Jahre mein Pate und Wegbegleiter meiner Jugend. Von meinem Vater und ihm erhielt ich zahlreiche Mitteilungen und Dokumente über die Geschichte des Hofes, besonders über die Zeit von 1928 bis zum Ende der Fünfzigerjahre. Wichtige Quellen sind auch die Berichte der Doktoranden und Mitarbeiter, die den Wiederaufbau des Gutes erlebten und darüber berichteten.

Einigen Studenten, Doktoranden und Mitarbeitern meines Vaters bin ich auch nach seinem Tod verbunden geblieben. Viele Besucher des Gutes aus aller Welt lernte ich persönlich kennen, zu manchen pflege ich noch heute Freundschaften.

Ich bin dankbar für die Hilfe, die ich bei der Suche und Auswertung der Quellen zur Geschichte des Hofes erhielt. Professor Dr. Karl Schellander, einer der Nachfolger

meines Vaters auf dem Lehrstuhl für Tierzucht und Tierhaltung Bonn, heute Tierwissenschaften, stellte mir alle vorhandenen Archivalien zur Verfügung. Für diese Unterstützung danke ich herzlich.
Dr. Josef Griese, Administrator auf Versuchsgut Frankenforst bis 2015, beriet mich in fachlichen Fragen und dokumentierte die Entwicklung des Gutes nach 1971.
Mein Dank gilt auch der Familie Adrian, Oberkassel, die mir die Quellen über die Familie Döninghaus zur Verfügung stellte und Herrn Rudolf Pieper, Vinxel, dessen Sammlung zur Dorfgeschichte ich nutzen durfte. Dankbar bin ich auch Herrn Diplomingenieur Dieter Runge, Bad Honnef, für Mitteilungen und Unterlagen zu den Kriegshandlungen auf dem Gut im Jahr 1945. Hans Remig und seine Frau Ulla, schon Begleiter seit meiner Kindheit, steuerten zahlreiche Erinnerungen bei. Ihnen allen sei ganz herzlich gedankt.

Gabriele Wasser

Aus der Frühzeit des Hofes Frankenforst

Unendliche Wälder empfangen die Siedler, die im 9. Jh. Siedlungsplätze im Pleiser Land suchen. Seit der römischen Zeit sind die Ufer des Rheines dicht besiedelt und bieten kaum Platz für neue Siedlungen. So roden fränkische Stämme die Erhebungen und Täler des Siebengebirges und siedeln sich dort an. In dieser Zeit entstehen die ersten Hofanlagen in Birlinghoven, Stieldorf, Vinxel, Oberpleis usw.

Urkundliche Nachweise finden wir im Jahre 722 im Urkundenbuch des Bonner Stiftes Sankt Cassius.[1] Auelgau wird der Bezirk genannt, der in den Verwaltungsbereich des Bonner Stiftes gehört. Seine höchste Erhebung ist der "Mahlberg" . der nach vielen sprachlichen Entstellungen heute "Ölberg" heißt.

---

[1]Das Cassius-Stift im 7. Jh. in Bonn gegründet, wurde 1802 aufgelöst. Wichtigstes Gebäude des Stiftes war die Stiftskirche „St. Cassius und Florentius", das heutige Bonner Münster. Levison, Wilhelm, Die Bonner Urkunden des frühen Mittelalters

Die Fruchtbarkeit des Auelgaus ist gut und darum verwundert es nicht, dass unter den adeligen Herrschaften ständig Streitigkeiten um die Besitzrechte ausbrechen. Das Cassiusstift in Bonn ist über Jahrzehnte der größte Grundbesitzer im Auelgau. Zu ihm gehören 68 Höfe, allesamt verpachtet. Später beherrschen auch die Stifte Schwarzrheindorf und Vilich sowie das Zisterzienserkloster Heisterbach die Region.

Das Grafengeschlecht von Sayn regiert den Auelgau bis 1248. Der bedeutendste Graf Heinrich III. von Sayn stirbt in seiner Feste Blankenberg an der Sieg in der Neujahrsnacht 1246/47.

Seine Grablege befindet sich in der Abtei Sayn bei Bendorf (Koblenz). Er ist der letzte männliche Vertreter der alten Sayn'schen Linie und nimmt am 5. Kreuzzug 1228/29 unter Kaiser Friedrich II. von Hohenstaufen teil. Eine seiner Stiftungen ist die Kommende Ramersdorf auf dem "*Kaistilberge*", ein Geschenk für den Deutschen Ritterorden

Die Söhne seiner Schwester, die sein Erbe antreten, nennen sich *"Herren von Löwenberg"* (1248 - 1484). Es gelingt ihnen nicht, ihre zersplitterten Besitzungen auszubauen und zu arrondieren. Mächtigeren Nachbarn fällt der Besitz zu und so werden die Herzöge von Jülich -Berg ab 1484 Regenten des Amtes Löwenburg. Der Verwaltungssitz ist anfänglich die auf dem heutigen Gebiet der Stadt Bad Honnef gelegene Löwenburg[2]. Das Amt wurde bis 1553 meist von der Löwenburg aus verwaltet, auf der ein Amtmann von er der bergischen Verwaltung[3] zumindest ab 1515 seinen Sitz hatte.

1806 ging das Herzogtum Berg im Zusammenhang mit der Bildung des Rheinbundes im napoleonischen Großherzogtum Berg auf. Das Amt Löwenburg blieb zunächst, erweitert um das Verwaltungsgebiet der aufgelösten kurkölnischen Ämter Wolkenburg und Vilich, bestehen.

---

[2] Topographisch-Militärische Karten des Herzogtums Berg von 1799 haben die Schreibweise Amt Löwenberg

[3] Bertram von Nesselrode bis 1540, dann Franz von Hatzfeld bis 1553

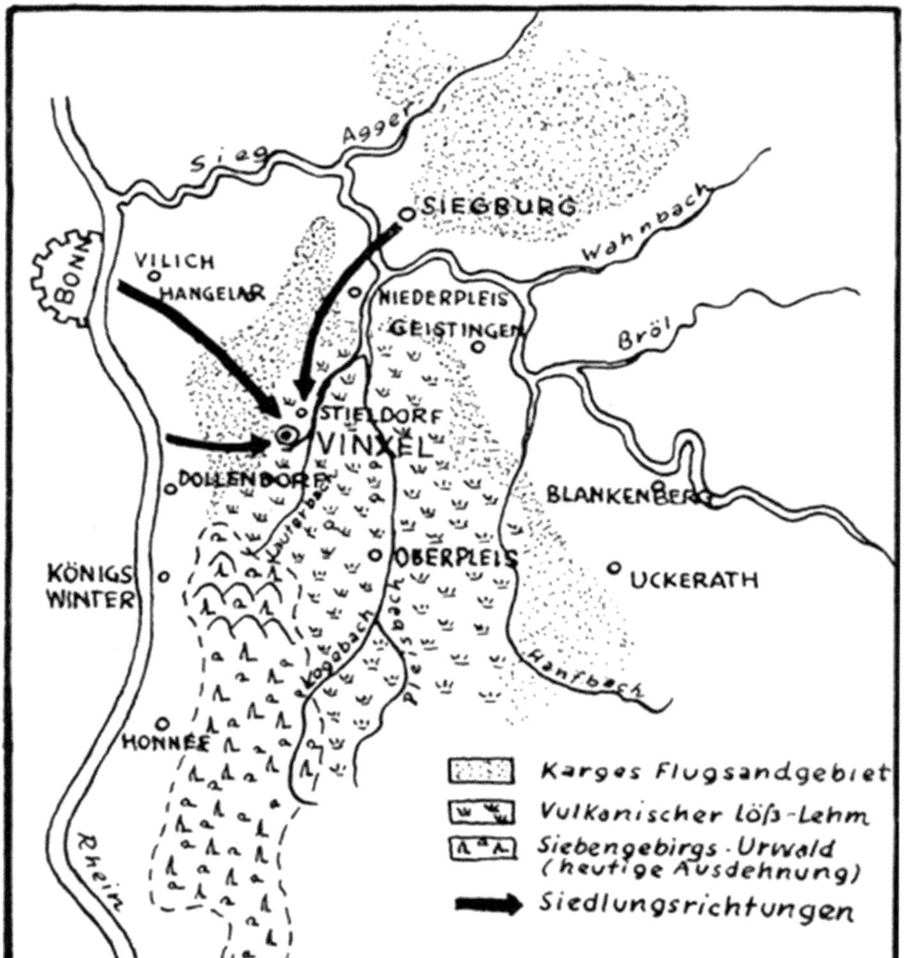

11. Besiedlung des Rheintals und des Siebengebirges im 9. Jh.

Am Ende des 11. Jh. ändern sich schon einige Herrschaftsrechte. Adolf von Berg wird Vogt[4] über den Verwaltungsbereich Siegburg und bekommt die Herrschaft über den gesamten Auelgau mit Ausnahme der Kurkölnischen Besitzungen Königswinter und Ittenbach.

Neben der weltlichen hat auch die geistliche Macht im Auelgau festen Fuß gefasst, die Anzahl der Klöster und Propsteien zeigt das deutlich. Es bilden sich zahlreiche Unterherrschaften, die die unterschiedlichsten Privilegien haben. Die Orte Vinxel, Hoholz, Gielgen, Roleber und Ungarten und die Höfe Frankenforster Hof, Winkeler Hof, Heiderhof, Ettenhausener Hof und der "Höhncherhof" sind im 15. Jahrhundert in der "*Honnschaft Vinxel*" zusammengefasst. Die "*Honnschaft Vinxel*" liegt im Kirchspiel Stieldorf des Amtes Blankenberg im Herzogtums Jülich-Berg. Der Name *"Honnschaft"*[5] bedeutet Dorf. An dessen Spitze steht der Honn oder Dorfvorsteher, seine Aufgabe

---

[4]Vogt – auch Voigt oder Fauth – ist abgeleitet vom lateinischen Wort „advocatus“, es bezeichnet allgemein einen herrschaftlichen, meist adeligen, Beamten des Mittelalters und der frühen Neuzeit.
[5]Honnschaft= Hundertschaft=gemeindeartige Verwaltung (Hohn-Honn-Hon)

ist unter anderen die Naturalabgaben der Bauern vollständig an den Landesherren zu liefern. Der Honn wird aus den Reihen der Inhaber der älteren Höfe gewählt

Die Ritter von Vünfselden

Im Jahre 1173 macht die Familie von Vünfselden eine Schenkung an das Stift Schwarzrheindorf.[6] Es handelt sich um drei Solidi[7], die die Familie dem Stift als Rente gewährt. Davon können damals rund 360 kg Gerste oder Weizen erworben werden. Eine großzügige Gabe, die auf Wohlstand in der Familie schließen lässt.

Im Jahre 1336 ist Kunigunde von Vünfselden im Stift Schwarzrheindorf Stiftsdame[8], später auch ihre Schwester Elisabeth. Die Familie kauft sie in das Stift ein, Kunigunde und Elisabeth bringen ihre Privatvermögen und ihre Dienerschaft mit.[9] Die Damen beziehen großzügige Renten

---

[6]HStA. Düsseldorf, Jülich-Berg II, Signatur 6367

[7]Solidi= Schilling, reine Rechnungsmünze. 1Solid=12 Silberdenare

[8] Ein Frauenstift ist eine religiöse Lebensgemeinschaft für Frauen, die ohne Ablegung von Gelübden in einer klosterähnlichen Anlage leben. Die in einem freien weltlichen Stift lebenden Damen werden Kanonissen oder Stiftsdamen genannt, daher werden häufig auch die Begriffe Damenstift oder Kanonissenstift verwendet.

[9]Landesarchiv NRW, 121.90.00-Stift Schwarzrheindorf, Verzeichniseinheit Urkunden 101-102, Nr. 21 u. 33

aus den Erträgen der Vinxeler Höfe und anderer Liegenschaften.
Die Familie von Vünfselden ist wohl der Namensgeber des heutigen Ortes Vinxel, darauf weist auch ihr Gennantname *"Vinxel"* hin. [10] Durch sprachliche Veränderungen wird aus dem Begriff Vünfselden später Vunffzall, Vontzell und Vinxel. Als Seld bezeichnet man einen Bauernhof mit dazugehörigem Grund und Boden. Das Wort *"Seld"* leitet sich vom germanischen Wort *"salh"* für Weide ab.

Gut Frankenforst ist einer der fünf ursprünglichen Höfe, aus denen das Dorf Vinxel entsteht. Die Urkunden der damaligen Zeit weisen auf die Familie von Vünfselden auch als Besitzer des Heiderhof, des Hobshof, des Winkelerhof[11] und des Hof Ettenhausen hin. Bis in das 15. Jahrhundert sind die Besitzverhältnisse des Hofes Frankenforst allerdings nicht eindeutig nachweisbar. Deutlich wird aber in allen Urkunden, dass die Liegenschaften in Vinxel

[10]Ein Gennantname ist ein Name, bei dem der Hausname aufgrund der Bindung an einen Besitz den eigentlichen Namen überlagert.
[11]In der heutigen Straßenbezeichnung Winkel/Ölinghoven gelegen.

einen äußerst begehrten Wert darstellen, weil sie gute Erträge abwerfen.

Ritter Arnold von Boyve[12] Vünfselden, genannt Vinxel, lebt um 1350 in Kriegshoven bei Heimerzheim. Er hat sechs Kinder aus zwei Ehen, die Söhne Albrecht, Arndt und Francke und die Töchter Paizgin, Goitgen und Jutta. Sein Sohn Ritter Albrecht von Boyve Vünfselden, genannt Vinxel,

bekommt die Burg 1363 auf dem Wege der Erbteilung als Kölner Lehen. [13]Albrecht leistet an den Kölner Erzbischof Adolf III. von der Mark[14] den Lehnseid[15]. Adolf III. regierte nur ein Jahr das Erzstift Köln, dann überträgt er das Erzbistum seinem Onkel Engelbert. Er heiratet Margarete von Jülich mit der er 16 Kinder zeugt. Drei seiner Söhne beherrschen später das Herzogtum Jülich-Berg, in dessen

[12]auch: Boeffe oder Bove geschrieben
[13]Strange, Josef, Beiträge zur Genealogie der adligen Geschlechter XI
[14]Nach klevischer Zählung ist er als Adolf I. Graf von Kleve, nach kurkölnischer Zählung als Erzbischof Adolf II. von Köln und als Bischof von Münster als Adolf I. von Münster bekannt
[15] Eid, mit dem der Lehnsmann seinem Lehnsherrn Treue schwört

Herrschaftsbereich auch der Hof Frankenforst liegt. Goitgen von Vünfselden, Albrechts Schwester, heiratet 1375 Dietrich von Markelsbach genannt Allner

2.Schloss Allner

Der Lehnsherr, der von Markelsbach ist, der Graf Wilhelm I. von Berg, dessen Großvater schon Lehnsherr, der von Vünfselden war. Wilhelm erwirbt die Burg und das Amt Blankenberg. Die Eheleute von Vünfselden-Markelsbach bewohnen das Gut Ettenhausen, das Goitgen mit in die Ehe bringt. Sie bezieht gute Einkünfte aus dem Hobshof und dem Frankenforster Hof. Ihre Schwester Paizgin (Beatrix) Boyve von Vünfselden heiratet 1428 den Baron Otto von Metternich und ihre Schwester Jutta den Grafen Nesselrode. [16]

---

[16] Strange, Josef, Beiträge zur Genealogie der adligen Geschlechter XI

Im 14. Jahrhundert endet für die Grundbesitzer die Lehnspflicht für den Kriegsdienst. Die Lehnsheere werden durch Söldnerheere ersetzt und für den Adel enden die Ritterverpflichtungen. Die Städte legen ihre kriegerischen Unternehmungen in die Hände adeliger Soldritter, die mit ihren berittenen Dienstknechten die Fehden[17] und Kriege für ihre Auftraggeber ausführen. Nach den Kampfzeiten wenden sich die Rittergutsbesitzer häufig der Bewirtschaftung ihrer Güter zu. Politische Mitbestimmung bleibt ihnen lediglich die in den Landtagen, das ist für die Entwicklung ihres Grundbesitzes sehr bedeutsam. Es kommen Zeiten von hoher landwirtschaftlicher Entwicklung.

Im Laufe der Jahre finden wir die Namen derer von Vünfselden in vielen Dokumenten und Urkunden unserer Region.

Paitzgins und Juttas Bruder, der Rittmeister Arndt Boyve von Vünfselden[18] steht in den Jahren 1401 bis zum Jahr 1411 im Sold der Stadt Köln. Soldquittungen und die

[17] Tätliche Feindseligkeit oder Privatkrieg zwischen Einzelpersonen, Sippen oder Familien zur Durchsetzung von Rechtsansprüchen.

[18] Vunfselden=Vünfselden, es waren verschiedene Schreibweisen üblich

Verlängerung seines Dienstvertrages sind erhalten. Er unterstützt den Ritter Heinrich II. von Gymnich im Kampf gegen den Ritter von Kobern und gewinnt.[19]

Der 1407 und später in den Urkunden mehrfach erwähnte Franke von Vünfselden[20], ist wohl der namensgebende Besitzer des Hofes Frankenforst. Der als Vorname verwendete Begriff *"Franke"* ist nicht genau zu zuordnen. Es kann für Arndt Boyve verwendet worden sein. Er wird mehrfach Franke genannt, weil er von verschiedenen Steuerlasten befreit ist, das gilt auch für den Besitz Frankenforst.

Als Folge von Erbauseinandersetzungen erhält Jutta von Vünfselden-Nesselrode einen Hof in Vünfselden und einen Weinberg in Oberkassel. Es ist nicht belegbar, welcher der Höfe es war. Albrecht II. von Vünfselden wird am 5. Juni 1433 Propst von Oberpleis gewählt. In seiner Amtszeit erstreitet der durchsetzungsfähige Herr so manchen Besitz auch in Stieldorf, Vinxel und Niederpleis.

---

[19]Strange, Josef, Beiträge zur Genealogie der adligen Geschlechter XI
[20]Frank=Frei, die von Steuerabgaben „befreit“ waren. Daher kommt auch der Begriff "frankieren"=freimachen

Frankenforst erhält jedenfalls spätestens 1407 seinen Namen und befindet sich wie schon vorher im Besitz der Familie von Vünsfelden

.

Frankenforst vom 15.-19. Jahrhundert

Durch Heirat einer der weiblichen Nachkommen der Goitgen von Markelsbach-Allner kommt der Hof Frankenforst als Mitgift in die Hände der Familie von Landsberg aus Olpe. Die von Landsbergs haben Besitzungen in Olpe und Niederpleis.

Eine weitere urkundliche Nachricht über den Hof Frankenforst finden wir in einer Schenkungsurkunde von 1475. Johann von Landsberg und seine Frau Mettel (Mechtild) stiften der Kirche in Seligenthal eine wöchentlich zu lesende Samstagsmesse, sie zahlen hierfür mit sechs Maltern Korn, eine "*erfliche*" (erbliche) Rente von ihrem Hof Frankenforst.[21] Diese Stiftung für das Kloster ist für die Familie von Landsberg eine Selbstverständlichkeit, ist doch eine ihrer Vorfahren, Mechthild von Landsberg, verheiratet mit

---

[21] Geschichte d. Pfarreien d. Dekanats Königswinter, Köln 1890

dem Grafen Heinrich von Sayn, die Gründerin des Kloster Seligenthal

3. Kloster Seligenthal

Alle Familienmitglieder stiften auch für das Kloster Heisterbach, auch dort liegen Familienangehörige bestattet, und Mechthild von Sayn hatte die Mittel für das Hospital des Klosters bereits 1254 geschenkt. [22]

Das Jahr 1475 ist für die frommen Menschen der damaligen Zeit ein ganz besonderes Jahr, es ist ein heiliges Jahr, ein Jubeljahr[23], in dem ein besonderer Sündenablass möglich ist. Vorbedingung für den Sündenerlass sind fromme Stiftungen, wie sie später der Sohn Ludwig von Landsberg fortführt. Er erhöht die Schenkung durch sechs Morgen Ackerland in

[22]HStA. Düsseldorf, Jülich-Berg II, Signatur 6367

[23]Von 1475 an ist alle 25 Jahre ein Jubeljahr, es wurde mit dem Bau der Sixtinischen Kapelle in Rom begonnen.

Vinxel, außerdem erhält die Kirche Seligenthal auch noch mehrere Liegenschaften in Niederpleis.

Im Jahr 1480 erscheint der Name Frankenforst wieder in den Urkunden. Johann von Vünfselden und seine Frau Maria erscheinen unter den Stiftern des Klosters Bödingen bei Hennef. Das Gnadenbild des Klosters ist Anziehungspunkt für einen großen Strom von Pilgern aus der gesamten Region. Die Wallfahrten finden im Sommer statt, in der Haupterntezeit. Für das Einbringen der Ernten fehlen regelmäßig die Männer, die an den Wallfahrten teilnehmen, aber die Religionsausübung hat den höheren Stellenwert für die Menschen dieser Zeit. Jährlich gehen mehrere Prozessionen von Stieldorf und Vinxel nach Bödingen, um die Hilfe der Madonna zu erlangen. Die Bewohner des Gutes Franken-

4.Kloster Bödingen

forst beteiligen sich mit Sicherheit daran. Das Kloster Bödingen ist der älteste Wallfahrtsort der schmerzhaften Mutter in Deutschland.

Der ständige Wechsel der politischen Verhältnisse im Herzogtum Jülich-Berg hat auch einen Wechsel der adeligen Besitzungen zur Folge. 1515 befindet sich der Hof Frankenforst im Eigentum der Familie von der Reven, Burg Lohmar. Die von der Reven sind zu dieser Zeit auch Besitzer des Hobshof in Vinxel und des Höhncherhofes. Der Unterhalt des Küsters der Pfarre Stieldorf wird aus den Erträgen dieser drei Güter bestritten. Vier Garben Korn vom Hobshof, neun Garben Korn von Hof Frankenforst und zwei Garben Korn vom Höhncherhof werden jährlich für das Glockenamt zur Verfügung gestellt. An den Garbenmengen erkennt man, dass Frankenforst wohl über höhere Erträge verfügt bzw. größere Flächen besessen haben muss. Dieses Glockenamt schenken die von der Reven 1515 dem Kloster Seligenthal an der Sieg.

Im Verlauf der nächsten 100 Jahre ändern sich in Frankenforst wieder die Besitzverhältnisse. Bedingt durch die katastrophalen Zustände während des dreißigjährigen Krieges und der wirtschaftlichen Notzeiten danach, wird der Hof immer wieder als Pfand eingesetzt, um die nötigen Abgaben zahlen können.

Am 27. Oktober 1632 lässt General Baudissin[24] die Stadt Siegburg stürmen, die er für die folgenden Jahre zum schwedischen Stützpunkt macht. Drei Jahre, von 1632 bis 1635, wüten die schwedischen Heere in Siegburg und Blankenberg bis sie endlich die Region räumen Die überlebende Bevölkerung ist in diesen Zeiten völlig verelendet. Durch Plünderungen, Brände und Viehdiebstähle sind die Höfe zerstört, die Erträge stark zurückgegangen. So bleibt meist nur der Verkauf, um die Kontributionsforderungen der Besatzer zu befriedigen. Die neuen Besitzer, Kriegsgewinnler, sind oft mehr oder weniger eng mit den Vorbesitzern verwandt.

[24] Wolf Heinrich von Baudissin, gelegentlich auch Wulf Heinrich von Bauditz genannt, (* 1579 in Luppa; † 24. Juli 1646 bei Rosenberg) war General und Feldmarschall im Dreißigjährigen Krieg, der nacheinander in dänischem, schwedischem und kursächsischem Dienst stand.

Im Jahre 1640 überschwemmen wieder Soldaten der kaiserlichen Truppen die Gegend um Siegburg. Erst 1648 setzt der *„Westfälische Friede“* dem Krieg ein Ende.

Auf Frankenforst beginnt nach dieser unvorstellbaren Schreckenszeit des 30-jährigen Krieges wieder eine etwas ruhigere Zeit, in der der Hof wiederaufgebaut muss.

Von seinen Anfängen an hat der Hof auch Bedeutung als Mitgift für die weibliche Linie der Vünfselden. Entweder beziehen sie Renten aus den Höfen oder sie erhalten einen Hof als Aussteuer. Die Namen der angeheirateten Besitzer sind klangvoll: von Zwievel, von Nesselrode, Scheiffahrt von Merode, Gymnich zu Vlatten.

Durch den Erbfall ist Philipp Wallraff Freiherr Gymnich zu Vlatten im 17. Jahrhundert der Besitzer von Frankenforst und mehrerer anderer Gutshöfe, darunter Birlinghoven. Der adelige Herr bewirtschaftet seine Güter natürlich nicht selbst, diese Arbeiten übernehmen "Halfen"[25]. Solch ein

Pächter wird bereits 1685 in Frankenforst erwähnt.[26]

Schon 40 Jahre nach dem letzten verheerenden Krieg wird 1689 zum wiederholten Mal die ganze Gegend um Siegburg nach der Belagerung Bonns durch den preußischen General Asfeld verwüstet. Grund ist die Verweigerung von Kriegskontributionen an den General.[27]. Die Truppen stecken Dörfer und Höfe in Brand, stehlen das Vieh und plündern. Aller Besitz des Freiherrn Gymnich zu Vlatten ist betroffen, Burg Birlinghoven brennt. Beim Abzug der Truppen wird das, was bisher verschont geblieben ist, zerschlagen und vernichtet und eine große Zahl Einwohner wird gewaltsam über den Rhein verschleppt.

Alle Besitzungen der adeligen Grundherren sind hart betroffen, denn die finanziellen Forderungen des Generals

---

[25] Halfe=Pächter

[26] HStA, Jülich-Berg II, Signatur 6763

[27] Zwangserhebung von Geldern in feindlichem Gebiet, vergl. Maaßen, Geschichte des Dekanats Königswinter

sind enorm hoch.[28]Freiherr von Gymnich zu Vlatten nimmt ständig neue Anleihen auf. Er setzt alle seine Höfe als Pfand für einen Kredit ein, um liquide Mittel für Steuerzahlungen zu haben. Dieses Pfand kaufen ihm der Kölner Bäcker Johann Schmitz und Barbara Fischer für die Summe von 1.800 Kölner Talern ab.[29] Sollte Gymnich zu Vlatten seinen Verpflichtungen nicht nachkommen können, so bestimmt die Urkunde weiter, sollen die Pächter Gerhard Corst auf dem Frankenforsterhofe und Diederich Lauvenberg auf dem Spicherhof die Jahrespacht an die Kölner Gläubiger entrichten.
Die Pächter der Höfe verpflichten sich, keine Pacht mehr an den Besitzer abzuführen, falls der mit seinen Zahlungen in Säumnis gerät.

Wenig später erben die Brüder Konstantin Werner, Philipp Walram Benjamin und Franz Egon Gymnich zu Vlatten die Höfe des kinderlos verstorbenen Philipp Wallraff. Ihre ökonomische Situation scheint auch nicht besser zu sein

---

[28]Droysen, Johann Gustav, Friedrich I. König von Preußen

[29]Urkunde vom 17.09.1687, und vom 19.10.1697, LAV Düsseldorf

und sie belasten die Höfe zusätzlich. Aus einer Urkunde vom Oktober 1697 geht hervor, dass der Frankenforster Hof 30 Malter Roggen zu liefern hat. Für den Spicherhof und den Scheurenerhof gelten ähnliche Bestimmungen. Sollte das dem Pächter nicht möglich sein, weil die Ernteergebnisse dies nicht zulassen, so haben die Freiherren den Preis zu zahlen, der am Martinstag[30] für Roggen in Köln gezahlt wird. Zum Pfand sind die drei Höfe und alle ihre weiteren Güter eingesetzt.

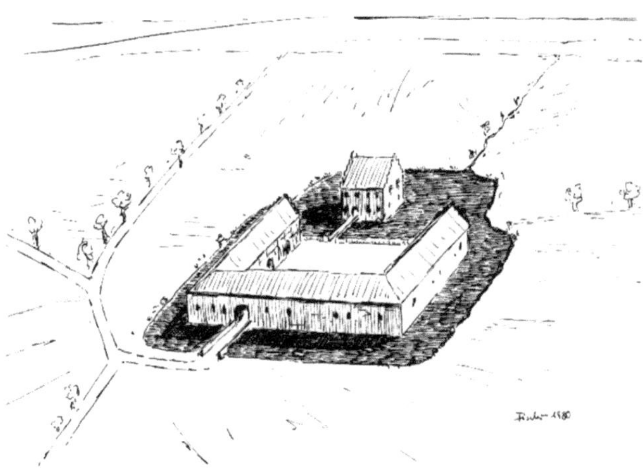

5. Ansicht des Hofes Frankenforst um 1760

Die gesamte Region ist durch die ständigen Kriegshandlungen, stark in Mitleidenschaft gezogen. Es müssen Truppen

[30]Martinstag= 11. November

zur Verfügung gestellt werden, Mittel für die Kriegsführung müssen abgegeben werden, Plünderungen und Brandschatzungen sind an der Tagesordnung. 1714 ist der spanische Erbfolgekrieg beendet, Ackerbau und Viehzucht können wieder aufblühen.

Durch seine Heirat mit Philippine Odilie von Gymnich zu Vlatten wird der kurpfälzische Rittmeister Johann Werner Philipp Anton von Martial Besitzer des Gutes Frankenforst sowie der Burg Birlinghoven. Die Burg ist der Rittersitz des Freiherrn. Pächter auf dem Gut Frankenforst ist Cosgen (Christian) Blesgen. Die Familie Blesgen ist eine große wohlhabende Halfenfamilie und für Jahrzehnte Pächter vieler Höfe in der Region.1719 wird Christian Blesgen auf dem Stieldorfer Friedhof beerdigt. Sein Sohn Johann übernimmt den Vertrag des Vaters und verlängert ihn im Jahr 1730 noch einmal. Die jährliche Pacht beträgt *"30 Malter Korn, ein Malter Weizen, zwei Malter und Elfviertel Hafer, ein Schwein, vier Maß Butter, vier Pfund Flachs und einen Golddukaten".*[31]

---

[31] Malter=56 kg/Korn=Roggen/Flachs= Flachsfaser, Leinen/Wert des Golddukaten heute ca. 550 ▯

Trotz ihrer hohen Einkünfte aus ihren Gütern kommen auch die von Martials mit ihrem Geld nicht aus, sie verschulden Frankenforst mit 4.000 Reichstalern zu Gunsten des Bonner Jesuitenklosters.[32] Schließlich muss Frankenforst verkauft werden. Am 26. Februar 1733 kommt das Gut in den Besitz der Abtei Heisterbach. Das Kloster löscht die Hypothek und zahlt ein Verzichtgeld von 70 Goldddukaten

6. Kreuz für die Eheleute Heiter

Auch das Kloster setzt auf Frankenforst wieder Pächter ein. In der Folgezeit wird der Hof von verschiedenen Pächterfamilien bewirtschaftet. Diese erhalten in der Regel einen befristeten Pachtvertrag, in dem der Pachtpreis, unabhängig vom

[32] 1 Reichstaler ca. 320 □

Ertrag des Hofes, zu Beginn jeder Pachtperiode neu ausgehandelt wird. Der letzte Pächter ist ein Enkel von Johann Blesgen, Christian Blesgen. Im Park von Frankenforst befindet sich noch ein Steinkreuz aus dem Jahre 1776, das an Christian und Christina Heiter erinnert.

Die gesamte Region ist verunsichert durch die Ereignisse der französischen Revolution und dem Einmarsch der Truppen auf den beiden Rheinseiten. Mit ihnen halten Plünderungen und Gewalt wieder Einzug. Besonders die Bauern leiden, ihre Höfe werden oft überfallen und zur Versorgung der Soldaten ausgeraubt. Das trifft auch die Höfe um Stieldorf. Überliefert ist ein Bericht über die Verwüstungen und Plünderungen, die die Franzosen auf dem Besitz des Freiherrn von Martial in Birlinghoven anrichten.[33]Wie die anderen Höfe, ist auch Frankenforst von solchen Heimsuchungen nicht verschont. Ständige Durchmärsche der Truppen saugen die Pächter der Höfe bis zum Letzten aus.

Die Abtei Heisterbach verliert im Jahre 1803 ihren gesamten rechtsrheinischen Besitz, nachdem der linksrheinische Besitz bereits 1801 durch den Frieden von Lunéville aufgegeben wird. 1803 werden die Klöster aufgelöst und jeder Kirchenbesitz beschlagnahmt. Dabei werden große Mengen Kulturgüter vernichtet. Auch die Abtei Heisterbach wird säkularisiert.

---

[33]vergl. Pippon, Toni, Ortskunde der Pfarre u. Gemeinde Stieldorf, 1927

7. Abteikirche zu Heisterbach, Sulpiz Boisserée, Zustand vor 1809

Frankenforst gehört zu dieser Zeit nicht mehr zum Besitz der Abtei.[34] Während der Vorstufe der Säkularisation wird dem Kloster das Gut Frankenforst 1798 "*entzogen*". Gegen Zahlung von nur 9.000 Reichstalern erhält Geheimrat Francken aus Blankenberg den Hof. Das Kloster wehrt sich nicht dagegen, denn es will mit dem Verkaufserlös einen Teil seiner Schulden begleichen. Dazu kommt es aber nicht, denn Geheimrat Francken verkauft kurzfristig das Gut für 14.500

---

[34]vergl. Hoitz, Markus, Die Aufhebung der Abtei Heisterbach, Königswinter 1987

Reichstaler an die Erben Blesgen, der langjährigen Pächterfamilie auf dem Hof. Einen Teil des Kaufpreises hinterlegen die Erben als Anzahlung, den weiteren Teil können sie aber nicht mehr aufbringen. Sie bitten um Stundung und Aussetzung der Zahlungen. Geheimrat Francken bleibt hart, die Blesgens müssen den Hof wieder aufgeben. Aber auch der Geheimrat kommt in Schwierigkeiten, er kann seinen Kaufpreis nicht vollständig an das Kloster zahlen, was dazu führt, dass auch das Kloster seinen Verbindlichkeiten nicht nachkommen kann.

Am 13. Oktober 1801 weist die Regierung an, der Familie Blesgen den Hof zu *"entziehen"*. Frankenforst wird nun versteigert und wechselt für 8.700 Reichstaler wieder seinen Besitzer. Der heißt jetzt Heinrich Klein und stammt aus einer Lohmarer "Halfenfamilie". Auch Klein hat Schwierigkeiten, die gesamte Kaufsumme aufzubringen, doch es gelingt ihm, seine Gläubiger zu befriedigen. 1802 ist Heinrich Klein dann endgültig Besitzer des Gutes.

Die Preußen kommen

Zur Bewirtschaftung seines neuen Besitzes soll Heinrich Klein wenig Zeit bleiben, denn die Befreiungskriege zur Beendung der napoleonischen Herrschaft beginnen und Klein meldet sich *zum "freiwilligen Landsturm des Siebengebirges".* Im 5. Banner Oberpleis, 6. Companie aus Vinxel ist er Hauptmann.[35] In seinem Zivilleben bekleidet er das Amt des Schöffen.

Nach dem Ende der napoleonischen Herrschaft werden die Preußen 1822 die Herrscher der neu gebildeten Rheinprovinzen. Ab 1830 spricht man von der *"Rheinprovinz".* Nie zuvor hat die Region so milde Herrscher erlebt. Durch eine königliche Verordnung ändert sich dann die Verwaltung der gesamten Region. Es werden Kreise gebildet, die von einem Landrat geführt werden. So entsteht 1825 der Siegkreis. Die Stelle des Landrates muss anfangs immer mit einem einheimischen Rittergutbesitzer

---

[35]vergl.: Quilling, Adolf Paul, Die Laterne, 31. Jahrgang, 2004, Nr. 1, Neues zum Frankenforster Hof in Vinxel bei Bonn

besetzt werden. Der erste Landrat des Siegkreises wird Franz Joseph Wilhelm Scheven, er ist Besitzer des Rittergutes Birlinghoven, das ihm durch Heirat mit Maria Josefine von Martial zugefallen ist. Sein Nachfolger wird der Freiherr von der Loë, dessen Wohnsitz das Schloss Allner ist.

Zuerst werden neun Bürgermeistereien gebildet, Frankenforst gehört damals zu der Bürgermeisterei Oberpleis. Der für Frankenforst zuständige Bürgermeister und seine Verwaltung befinden sich also in Oberpleis. Der Hof hat die Hausnummer 341. In einer Liste der Stieldorfer Schule sind zwei schulpflichtige Kinder eingetragen: Catharina, 8 Jahre und Josef, 6 Jahre alt. Ihr Vater ist Heinrich Klein.

In den Akten der damaligen Zeit wird das Gutshaus von Frankenforst immer als "*Herrenhaus*" bezeichnet, der Hof ist auch im Rittergut-Matrikel aufgeführt, das bedeutet, dass mit dem Besitz auch ständische Realrechte verbunden sind. Diese Rechte gehen jeweils auf neue Eigentümer über. Auch in der Zeit der preußischen Rheinprovinz muss die Mindestgröße eines solchen Rittergutes 10-20 ha betragen. Diese Bedingung ist in Frankenforst gegeben. In der zweiten Hälfte des 19. Jahrhunderts können die Rittergüter in bürgerlichen Besitz übergehen, auch die auf den Gütern liegenden Realrechte gehen in den Besitz der bürgerlichen Käufer über. [36]

Aus dem Jahr 1825 ist die wohl älteste Karte des Gutes Frankenforst erhalten. Deutlich zu erkennen: die Gebäude und

Zuwegungen. Das Haus des Gutsbesitzers steht getrennt von den Gebäuden. Diese dienen auch als Unterkunft für das

"Gesinde" und als Stallung für das Vieh. Die Zufahrt zum Hof-Inneren erfolgt durch ein Tor von der südöstlichen Seite. Im Innenhof befindet sich ein Weiher, der direkt an das Herrenhaus grenzt. Insgesamt ist der Hof im fränkischen Baustil angelegt.

[36] Realrecht= Dingliches Recht, Rechte, die an ein Grundstück gebunden sind, z.B. Weiderechte, Wegerechte

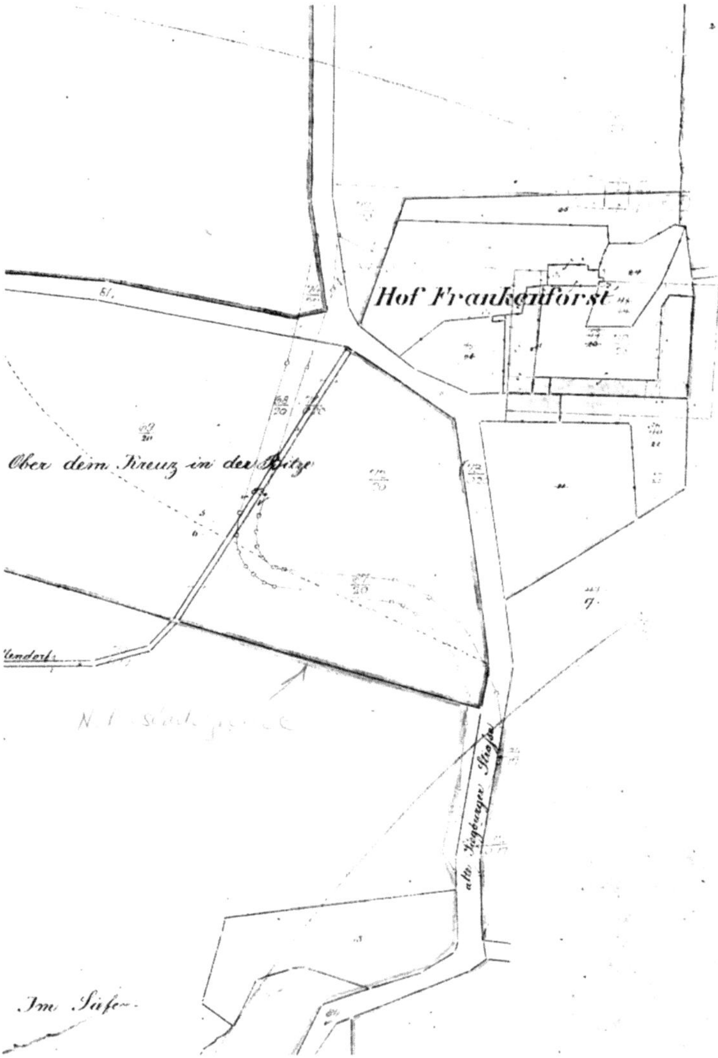

8. Karte aus dem Jahr 1825

Sein Einkommen bezieht Heinrich Klein vor allem aus der Schweinehaltung. Schweinefleisch ist die unentbehrlichste Fleischart in dieser Zeit. Auf dem Gut wird Blut- und Leberwurst hergestellt und vor allem Speck. Fleisch und Wurst werden gepökelt und geräuchert. Heinrich Klein hält auch Rindvieh, in den Quellen als klein und unansehnlich beschrieben[37].

Einmal im Jahr werden Kühe und ein Ochse geschlachtet, das Fleisch wird dann ebenfalls zerkleinert eingesalzen und geräuchert. Der Fleischverbrauch ist zu diesen Zeiten verglichen mit heute sehr niedrig. Hauptnahrungsmittel sind Brot, Kartoffeln und Bohnen. Auf den Feldern des Hofes werden Roggen und Weizen angebaut, aber auch Flachs, Hackfrüchte und Gemüse. Frau Klein backt das Brot in einem gutseigenen Backhaus selber. Sie mischt Roggen, Gerste, Erbsen, Bohnen und Hafer und backt daraus das in der Gegend übliche Brot. Ihr Verantwortungsbereich erstreckt sich auch auf das Geflügel, den Eier-verkauf, die

[37]Linn, Heinrich, Topographie des Siegkreises

Herstellung von Butter und Käse und der Herstellung von Leinwand aus Flachs.

Zu Gut Frankenforst gehört auch ein Waldbesitz. Der liefert Wildbret und vor allem Holz für die Feuerung. Eine Waldbewirtschaftung wie man sie heute kennt, ist zu die-

9.Hirzberg, Frankenforst

ser Zeit nicht üblich. Hochwald ist kaum vorhanden, und der Niederwald dient lediglich der

Brennholzproduktion und als Schweine- und Pferdeweide.

Die Familie Klein bezieht aus ihrem Besitz jedenfalls recht gute Erlöse. Für die damalige Zeit kann man sie als wohlhabend bezeichnen.

Nach Heinrich Kleins Tod 1832 erbt sein Sohn Franz den Besitz. Er heiratet Christina, eine Schwester der Frau des Bürgermeisters Peter Heuser von Stieldorf, und bewirtschaftet das Gut eine Zeit lang selbst.

10. Kapelle von Vinxel

Die Kleins sind fromme Menschen, sie sorgen für die Bedürfnisse und den Unterhalt der Kapelle in Vinxel durch Spendenbeiträge. Ihr Anteil an der Restaurierung des Altars und der Bilder wird in der Geschichte der Pfarreien des Dekanats Königswinter besonders hervorgehoben[38].

[38]Maaßen, Geschichte d. Pfarreien des Dekanats Königswinter, Köln 1890

Die Jahre von 1840 - 1855 sind nicht nur politisch eine schwierige Zeit, denn das Rheinland wird wiederholt von schrecklichen Seuchen und Unwettern heimgesucht. Frankenforst verzeichnet in dieser Zeit große Ernteverluste. Viehseuchen reduzieren den Viehbestand, und die Familie hat in dieser Zeit nur ein geringes Einkommen[39]. In fortgeschrittenem Alter verpachtet Franz Klein den Hof an Martin Knott.

Martin Knott muss mehrere Prozesse ausgelöst durch einige seiner Tagelöhner, durchstehen. Gründe sind immer angeblich gemachte Versprechen durch den Pächter.[40] Die Tagelöhner hoffen, damit ihre Lebenssituation verbessern zu können. Sie obsiegen nie, aber die Moralität der armen Arbeiter wird immer weiter untergraben. Sie glauben nicht mehr an Menschlichkeit und Recht.[41] Für sie bleibt nur der Eindruck der ungerechten Bereicherung

---

[39]Dreesbach, Franz, Protokoll u. Verwaltungsbuch der Kapellengemeinde Vinxel

[40]Aufzeichnungen des Kreisphysikers Anton Lohmann, HStA Regierung Köln I 332

[41]Aufzeichnungen d. Kreisphysikers Anton Lohmann, HStA. Regierung Köln 1332

durch die Pächter. In dieser Zeit werden die Wirtschaftsgebäude umgebaut und teilweise vergrößert. Der im Hofraum gelegene Teich wird verkleinert und die Einfahrt verlegt. Die Prozesse und der Umbau verschlingen viel Geld. Die Erträge des Hofes reichen für eine Rückzahlung des geliehenen Geldes nicht aus.

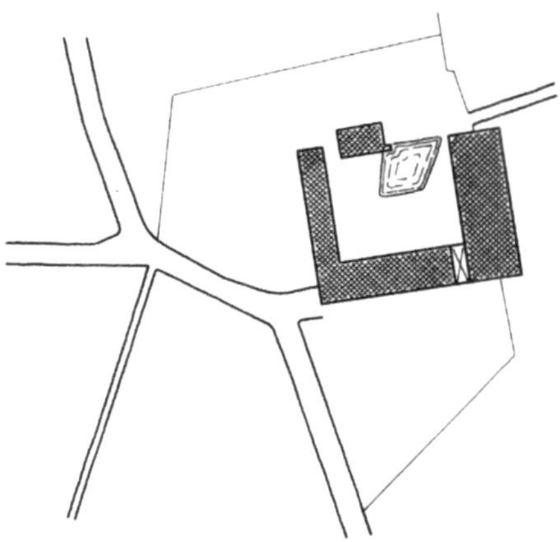

11.Karte der umgebauten Hofanlage

Knott gibt den Hof 1869 an Klein zurück, er hat sich übernommen.

Vor seinem Tode muss Franz Klein wieder einen Krieg erleben und als dessen Ergebnis die Reichsgründung im Jahre 1871. In den Jahren 1870/71 kann Klein den deutschen Truppen Pferde liefern, und auch seine Ernteerträge bringen einen schönen Profit. Als Klein 1877 verstirbt, suchen seine Erben nach einem Käufer für das Gut

Vom Rittergut zur großbürgerlichen Sommerfrische

In der zweiten Hälfte des 19. Jahrhunderts kommen Teile der bürgerlichen Schicht zu Wohlstand und Ansehen. Die Industrialisierung, vor allem die im Rheinland, lässt die Wirtschaft blühen. So entsteht eine Schicht von Großbürgern, die Reichtum erwerben und deren Bedürfnisse, denen des Adels in keiner Weise nachstehen.

In den Familien des wohlhabenden Großbürgertums ist es schick, sich einen Landbesitz als "*Sommerfrische*" zuzulegen. So findet Frankenforst dann 1878 einen neuen Besitzer. Es ist der Kaufmann Johann Peter Döninghaus[42] aus Barmen-Rittershausen. Die Familie Döninghaus besitzt Mühlen, Färbereien und Webereien im Bergischen Land. Sie lebt in gediegenem Wohlstand.

---

[42]Johann Peter Döninghaus, geb.20.01.1833, Barmen / Helene Döninghaus geb. Kotthaus,18.02.1841, Barmen

Johann Peter Döninghaus, sehr naturverbunden, beginnt das Gut nach seinen Vorstellungen umzubauen. Vor allem ist ihm das Herrenhaus nicht repräsentativ genug, und auch die Gestaltung der Umgebung des Hauses trifft nicht seine Vorstellungen. Das Herrenhaus soll nach dem Neubau aussehen wie eine neugotische Villa. Starke

12.Frankenforst um 1900

Vorbilder sind für ihn die Kommende in Ramersdorf und vor allem Schloss Marienfels in Oberwinter. Er lässt die alten Wirtschaftsgebäude rechts vom Gutshaus abreißen und erbaut ein völlig neues Herrenhaus.

Das alte Herrenhaus benutzt Döninghaus zur Unterbringung von Arbeitern. In der Umgebung der Hofeinfahrt

(Frankenforster Weg) wird ein kleineres Gebäude errichtet.

Im Volksmund wird es *"Polenbude"* genannt. Dort werden polnische Arbeiter, die im Zuge der Arbeitsmigration nach 1870 ins Rheinland als Landarbeiter kommen, untergebracht. Sie haben, zumindest zeitweise, Arbeit auf dem Frankenforster Hof gefunden.

13. Die "Polenbude"

Durch eine kleine Gartenanlage um den ehemaligen Weiher gestaltet er auch die Umgebung des Herrenhauses neu. Die Umbauten erfordern Zeit und so wird das neue Herrenhaus erst um 1900 fertiggestellt.

Döninghaus stellt auch Dienstpersonal ein, das während der Abwesenheit seiner Familie das Haus in Ordnung hält.

14. Gutshaus ca.1905

Die landwirtschaftlichen Flächen lässt er wieder von einem Pächter bewirtschaften.

Joseph Mary bleibt acht Jahre als Pächter auf dem Hof, weil die Familie Döninghaus nur das Herrenhaus als Sommerwohnung benutzt. Danach stellt Döninghaus einen Verwalter ein und will das Gut selbst bewirtschaften. Carl Stockmeyer und seine Familie verwalten den Betrieb bis 1906.

1890 beschließt Peter Döninghaus, nun 57 Jahre alt, ständig auf Frankenforst zu wohnen. Seine neun Kinder sind, bis auf seine älteste Tochter Maria, verheiratet und seine Geschäfte hat er weitestgehend einem Schwiegersohn überlassen. Nach dem vollständigen Umzug nach Fran-

15. Familie Döninghaus auf der Terrasse des Gutshauses

kenforst bleibt Maria Döninghaus nicht lange ledig, ein Jahr nach dem Umzug heiratet sie den Kaufmann Ernst Michael Adrian aus Oberkassel. Sie verlässt den Hof und zieht zu ihrem Mann.

Peter Döninghaus hat zwar die Gestaltung der Gebäude verändert, die Bewirtschaftung der Flächen aber im Wesentlichen genau wie seine Vorgänger weitergeführt. In den Stallungen hält er Pferde, Schweine, einige Milchkühe und Geflügel.

16. Einfahrt in den Hof

Die Pferde sind Arbeits- und Kutschpferde. Die Feldarbeiten werden ausnahmslos mit Pferden erledigt, in der damaligen Zeit üblich. Für die vergleichsweise geringe Viehhaltung, die Döninghaus betreibt reichen. die Erträge der Frankenforster Felder gut aus. Das Gut hat zu Döninghaus Zeiten eine Größe von 60,12 ha. Angebaut werden im wesentlichen Korn und Hackfrüchte. Zeitweilig können die Döninghaus sogar beachtliche Überschüsse erwirtschaften, vor allem durch den Anbau von Zuckerrüben. Im 19. Jahrhundert entstehen im Rheinland eine große Anzahl

Zuckersiedereien, die ihre Rüben möglichst aus der näheren Umgebung beziehen wollen. Döninghaus liefert an die Firma Pfeiffer in Elsdorf, den Vorläufer der heutigen Firma Pfeiffer & Langen[43].

18. Kutsche der Familie mit Kutscher

Auch sein Schwiegersohn Ernst Adrian profitiert vom Zuckerrübenanbau, er stellt Rübenkraut in seiner Kraut- und Marmeladen- Fabrik in Oberkassel her.

Der Gutsbesitzer ist in den umliegenden Orten sehr geachtet, gibt er doch einer Anzahl von Menschen Arbeit und Brot. Die Bezahlung besteht, wie damals üblich, zum großen Teil aus landwirtschaftlichen Produkten, Kleidung und Geldbeträgen für Familienfeste und Feiertage.[44]

---

[43]Lieferantenverzeichnis der Firma Pfeiffer & Langen, Köln
[44]Mitteilung der Familie P. Adrian Bonn-Oberkassel vom September 2011

Am Pfingstfest des Jahres 1903 geht, wie im ganzen Siebengebirgsraum, ein ungeheurer Wolkenbruch über Frankenforst Ölinghoven und Stieldorf nieder. Auf dem Hof werden Dächer abgedeckt, kleinere Stallungen zerstört, und ungeheure Wassermengen richten verheerende Schäden in den Feldern an. Genauso geht es in den umliegenden Dörfern.[45] Versicherungen, wie wir sie heute kennen, gibt es in der damaligen Zeit noch nicht. So erfordert die Wiederherstellung des alten Zustandes wieder große finanzielle Mittel. Döninghaus entschließt sich, den Betrieb zu verkaufen. Er findet rasch einen geeigneten Käufer in dem Geheimen Kommerzienrat Moritz Böker aus Remscheid.[46]

Moritz Böker kauft das Gut 1906 im Auftrag seiner Familie als Brautgeschenk für seine Nichte. Sein Bruder Hermann Böker besitzt in Bonn eine Villa[47] und hat mehrere Jahre dort gewohnt. Seine Nichte lernt das Siebengebirge kennen und lieben und will dort mit ihrem künftigen

---

[45]Pippon, Toni, Ortskunde der Pfarre und Gemeinde Stieldorf, 1927
[46]Moritz Böker und sein Bruder Robert sind Ehrenbürger der Stadt Remscheid
[47]Villa Böker, später Villa Selve in der Nähe der Villa Hammerschmidt, Bonn

Ehemann, Arthur Hasenclever, wohnen. So kauft der angesehene Industrielle Böker Frankenforst für das junge Paar. Sofort nach der Trauung wird der Hof auf Arthur Hasenclever überschrieben. Peter Döninghaus, zu diesem Zeitpunkt schon 70 Jahre alt, verlässt mit seiner Frau Frankenforst und lässt sich in Honnef nieder. Dort stirbt er im April 1909.

Die Ära Hasenclever

Die Eheleute Hasenclever stammen aus hochangesehenen und sehr wohlhabenden Remscheider Familien. Arthur Hasenclever aus einer traditionsreichen Unternehmerfamilie, die seit Ende des 16. Jahrhunderts im Bergischen Land, insbesondere in Remscheid und Solingen, ansässig ist.[48]

Geld spielt für das junge Paar nur eine sehr untergeordnete Rolle. So starten sie erst einmal mit einer standesgemäßen Hochzeitsreise in ihre junge Ehe. Sie führt unter anderem nach Monte Carlo. Die jungen Leute besuchen das Spielcasino und gewinnen dort einen beachtlichen Be-

---

[48]Hasenclevers sind schon in der Blütezeit des 18. Jahrhunderts unter den Familien zu finden, die als kapitalkräftige Kaufleute leistungsfähige Betriebe aufbauen können. Einige Familienmitglieder sind Hammerwerkbesitzer und Kaufleute, andere hochgeschätzte Ärzte. Im Hause David Hasenclever ist der Geheime Rat Goethe mehrmals zu Besuch. Aus der Familie geht auch der namhafte Maler, Johann Peter Hasenclever, ein Schadow-Schüler, hervor.

trag. Die Reise geht weiter nach Italien. Als sie die berühmten Steinbrüche von Carrara besichtigen, ist die junge Frau von dem Marmor restlos begeistert und setzt den Gewinn aus Monte Carlo sofort in den Kauf von Marmorplatten um. Sie will ihr neues Haus auf Frankenforst damit ausstatten. Zurückgekehrt auf ihren neuen Besitz kümmern sich die Hasenclevers um Aufbau und Ausgestaltung des Gutes. Ihre Vermögensverhältnisse ermöglichen ihnen den Zukauf von vielen kleinen Parzellen, außerdem arrondieren sie den Besitz durch Landtausch. So wächst der Betrieb auf 112 ha an.

16 Pferde dienen der Bewirtschaftung des Betriebes und sind in dem Gutshaus gegenüberliegenden Wirtschaftsgebäude untergebracht. Hasenclever betreibt hauptsächlich Milchwirtschaft, es werden 75 Rinder gehalten, davon 50 Milchkühe, das ist für die damaligen Verhältnisse ein großer Betrieb. Die jungen Leute sind beide mit großem Grundbesitz in der bergischen Landschaft aufgewachsen. Arthur Hasenclever hat gute Kenntnisse in der Führung größerer Besitztümer und vor allem eine Leidenschaft für das Landleben und die Jagd. Er kümmert sich intensiv um

die Hege des Wildes in den Waldungen des Gutes. Zu seiner Unterstützung bei der Bewirtschaftung der Felder, der Weiden und des Viehs stellt er Johann und Ferdinand Krieger als Verwalter und Gutsaufseher ein.

Zu dem Hasencleverschen Besitz in Remscheid-Ehringhausen gehört neben einem Geschäftshaus und einer Villa auch
ein Jagdschlösschen, an dem die Familie ihre Vorstellungen von einem *"Traumhaus"* verwirklicht hat. Stilelemente des Familiensitzes übernehmen die Hasenclevers nun in den Umbau des Herrenhauses auf Frankenforst. Sie verwenden Teile des Baukörpers des neugotischen Herrenhauses ihrer Vorgänger und bauen das Haus nach ihrem Geschmack um.
Das Ergebnis ist sehr stilvoll und repräsentativ und bis in unsere Zeit fast vollständig in der Form von 1910 erhalten. Es steht heute unter Denkmalschutz[49]. Der Carrara-Marmor wird zur Wandgestaltung des Wintergartens verwendet und kann heute noch bewundert werden.

---

[49]Seit dem 25.04.1985 stehen Haupthaus u. Park in der Denkmalliste der Stadt Königswinter

Hinter dem Herrenhaus legen die Hasenclevers einen großen Park mit einem teilweise exotischen Baumbestand an. Buchen, Mammutbäume, Zedern und mächtige Kastanien laden zum Verweilen ein. Sie pflanzen auch die Pappelallee neu, die die Einfahrt zum Hofgelände

29. Gutshaus mit Park

schmückt und die weit in die Umgebung hinein sichtbar ist. So geben die Hasenclevers dem Hof sein heutiges Gesicht. Das markante Herrenhaus, der Park und die Pappelallee machen den Gutshof unverwechselbar.

So manches rauschende Fest mit Gästen aus den Industriellen Familien des Rheinlandes wird in den großzügigen Räumen des Herrenhauses gefeiert. Sommerfeste im Park des Gutes zählen zu den Ereignissen in der Region.

Am 24. Januar 1912 veranstaltet Hasenclever ein großes Fest, um den Geburtstag Friedrich des Großen zu feiern. Sein Ziel ist es, Spenden zu sammeln. Die Einnahmen sollen zur Herausgabe der Werke Friedrich des Großen dienen, den Hasenclever leidenschaftlich verehrt.

Als die Gestaltung des Hofes und der Landkauf 1914 abgeschlossen sind, beginnt der erste Weltkrieg. Er bringt Leid und Not auch über Gut Frankenforst. Arbeiter und Bedienstete müssen in den Krieg ziehen, die einsetzende Materialknappheit zwingt den Gutsbesitzer, auf viele Maßnahmen zu verzichten. Häufig erreichen Todesnachrichten den Hof, das Dorf Vinxel und die ganze Region. Während der Kriegszeit geht es den Hasenclevers wirtschaftlich noch

30. Ehepaar Hasenclever mit Kutsche

recht gut, denn die familieneigenen Eisen- und Hammerwerke sind kriegswichtig.

Bei Kriegsende kommt jedoch die große Ernüchterung, der Versailler Vertrag diktiert der Eisen- und Stahlindustrie strenge Regelungen. Die Zahl der Arbeitslosen steigt und die wirtschaftlichen Folgen werden immer spürbarer. Das Gut wird 1921 noch mit Elektrizität in allen Gebäuden und Telefonanschluss versorgt. Das ist wohl die letzte große Investition von Arthur Hasenclever. Die Familie erleidet enorme Verluste bedingt durch die weltweite Rezession und muss gegen Ende der zwanziger Jahre Gut Frankenforst verkaufen

Der Aufbau eines Beispielbetriebes 1930 - 1945

1928 sind die Besatzungstruppen aus dem Rheinland abgezogen. Die staatliche Finanzsituation stabilisiert sich deutlich, auch wenn die Not keineswegs überwunden ist. In Bonn feiert die Universität am 3. November 1928 den Begründer der Agrarwissenschaft, Albrecht Thaer.[50] Die landwirtschaftliche Hochschule nutzt die Gelegenheit, um herausragenden Persönlichkeiten, die sich um die Landwirtschaft verdient gemacht haben, die Ehrendoktorwürde der landwirtschaftlichen Hochschule

21. Dr. Heinrich Steiger

[50]Albrecht Daniel Thaer * 14. Mai 1752 in Celle; † 26. Oktober 1828 auf Gut Möglin, Brandenburg, war Polywissenschaftler und gilt als Begründer der Agrarwissenschaft

Bonn-Poppelsdorf zu verleihen. Zu den Ausgezeichneten gehört unter anderen der preußische Landwirtschaftsminister Dr. hc. Heinrich Steiger.[51]

Die preußische Domänenverwaltung hat nicht nur die Versuchsgüter Dikopshof (1904), Frankenforst (1928), Rengen/Daun (1928) der Landwirtschaftlichen Hochschule Poppelsdorf zu Verfügung gestellt, sondern vorher auch Flächen, alte Höfe und Güter in den Regierungsbezirken Aachen, Koblenz und Trier, sowie im Arnsberger Land aufgekauft, um hier bäuerliche Beispielsdomänen einzurichten.[52]

Minister Steiger erklärt in seiner Dankesrede, dass die preußische Domänenverwaltung das Gut Frankenforst im Siebengebirge gekauft habe und nun der Hochschule schenken wolle.

Der Kaufvertrag wird am 1. November 1928 mit dem Landesökonomierat Dr. Tietmann aus Berlin als Bevollmächtigter des preußischen Staates und dem Gutsbesitzer

---

[51]Steiger war Mitglied der Zentrumspartei. Er war von 1924 bis 1928 Mitglied des Reichstags und gehörte von 1928 bis 1933 dem preußischen Landtag an.

[52]Mitteilung von Franz Michael Feinen vom 17.03.2017

Arthur Hasenclever, Haus Frankenforst, in Bonn geschlossen[53].Arthur Hasenclever verkauft an den preußischen Staat seinen gesamten Grundbesitz in Stieldorf, Oberkassel und Oberdollendorf, sowie Gut Frankenforst. Die Größe der verkauften Flächen beträgt rund 109 ha. Mit verkauft werden alle Gebäude, einschließlich Gebäudezubehör, das gesamte lebende und tote Wirtschaftsinventar, Vorräte und Bestände sowie die gesamte Ernte, außerdem das Mobiliar des Polen-Hauses. Nicht mit verkauft wird das gesamte Mobiliar des Herrschaftshauses. Der Kaufpreis beträgt 510.000 Reichsmark. Die Familie kann bis Mai 1929 auf dem Gut wohnen. Der Vertrag regelt ferner, dass bis Januar 1929 drei Räume für fiskalische Zwecke zur Verfügung gestellt werden und zwei Beauftragte der Domänenverwaltung freie Kost erhalten. Hasenclever behält sich bis zum 1.Mai 1929 das Recht der unentgeltlichen Jagdausübung vor. Er erklärt, dass etwa zehn Morgen Land an kleinere Pächter verpachtet sind, der Fiskus wird diese

[53]Kaufvertrag v. 01.11.1928 zwischen Minister f. Landwirtschaft u. Domänen Preußen / Arthur Hasenclever

Pachtverträge übernehmen. Mit der Unterzeichnung dieses Vertrages ist die Ära Hasenclever auf Gut Frankenforst beendet.

Im Jahre 1930, nach Abwicklung aller Vertragsformalien, geht das Gut Frankenforst in den Besitz der landwirtschaftlichen Hochschule in Bonn-Poppelsdorf über und wird dem Institut für Tierzucht und Molkereiwesen angegliedert. Das Institut wird seit 1929 von Professor Dr. Georg Rothes geleitet, ihm wird nun von Minister Steiger der Aufbau eines landwirtschaftlichen Beispielbetriebes anvertraut.

22. Prof. Dr: Georg Rothes

Fast zeitgleich wird das Versuchsgut Dikopshof dem Bonner Institut für

Boden - und Pflanzenbaulehre zugeordnet und erlebt durch den Aufbau des Betriebes massive Umbrüche, weil es u.a. die 30 besten Kühe an das Gut Frankenforst abgeben muss. Der Dikopshof erhält keine Ersatzmittel zur Neubeschaffung von Tieren. Das führt zu einer großen Verärgerung zwischen den beiden Beispieldomänen[54].

Georg Rothes ist am 13. Juni 1886 auf dem Gut Strommoers bei Rheinberg geboren.[55] Nach dem Studium an den Universitäten Berlin, München, Bonn und Königsberg promovierte er zuerst zum Dr. phil. später auch zum Dr. agr. Nach dem Ersten Weltkrieg wird er Leiter des Tierzuchtamtes Aachen, dann übernimmt er die Stelle des Referenten für Pferdezucht im preußischen Ministerium für Landwirtschaftsdomänen und Forsten in Berlin. Schon nach einem Jahr kehrt er ins Rheinland zurück, wo er die Leitung des Tierzuchtamtes Köln übernimmt. Rothes wissenschaftliche Arbeit ist zu diesem Zeitpunkt gekennzeichnet von einer innovativen Organisation und Entwicklung der rheinischen Tierzucht. Viele

---

[54]Mitteilung von Herrn Franz Michael Feinen, Aachen vom 17.03.2017

[55]52.Dr. Georg Rothes, * 13.06.1886 in Strommoers, † 01.04.1960 in Bonn

Anregungen dazu hatte er auf seinen Reisen nach Dänemark, Schweden, Finnland und in nordwestliche Gebiete Russlands erhalten. Nach diesen Reisen, damals bei weitem keine Selbstverständlichkeit, wird er die treibende Kraft einer Zusammenfassung der bisher divergierenden Bestrebungen zwischen den rheinischen Zuchtverbänden und Züchtern. Rothes ist hartnäckig, von großer Tatkraft, entwickelt weit schauende Pläne, und besitzt ein seltenes Organisationstalent. Es gelingt ihm der Aufbau eines vorbildlichen Herdbuchwesens[56] in der rheinischen Rinderzucht. So nimmt es nicht wunder, dass Minister Steiger Georg Rothes mit dem Aufbau des *„Beispielgutes Frankenforst"* betraut.

1930 beginnt Georg Rothes in zäher, mühevoller Arbeit den Aufbau, eines, wie er es nannte, *"Beispielbetriebes"* für die Landwirtschaft und nimmt sich dabei auch der kleinsten Details an. Er will den Besuchern aus der landwirtschaftlichen Praxis eine Fülle von Anregungen bieten

---

[56]Zuchtbuch = eine geordnete Zusammenstellung beglaubigter Abstammungsnachweise von Zuchttieren, Tierfamilier oder Stämmen.

können, die diese dann in ihren eigenen Betrieben umsetzen sollen. Im Frühjahr 1931 werden über 11 ha neue Weiden angelegt, um genügend Futter für den Aufbau des beabsichtigten Zuchtbestandes zu haben. Auch die Bewirtschaftung der vorhandenen Äcker wird intensiviert. Das Gut umfasst jetzt eine Größe von 109 ha.

In kurzer Zeit baut Rothes einen Zuchtbestand aller Haustiergattungen auf, um die Landestierzucht mit leistungsstarken, gesunden Tieren aus einer mit peinlicher Genauigkeit geführten Zucht- und Leistungsprüfung versorgen zu können. Dazu benötigt das Gut auch neue Stallungen mit den entsprechenden Kapazitäten für Geflügel-, Schwein- und Rinderhaltung. Ein Teil der damals gebauten Zuchtställe mit Auslauf für Legehennen, ist heute noch, wenn auch für heutige Bedingungen verändert, in Betrieb.

Doch die politischen Verhältnisse machen Rothes Pläne teilweise zunichte. Im April 1932 wird Rothes bis zum März 1934 zum Rektor der landwirtschaftlichen Hochschule gewählt. Als am 30. Januar 1933 Adolf Hitler zum Reichskanzler gewählt wird, spitzt sich die politische Situation weiter zu. Große Unruhe herrscht in der Bevölkerung. Das macht sich auch prompt an der landwirtschaftlichen Hochschule in Poppelsdorf bemerkbar. Im April 1933 wird der ordnungsgemäß gewählte Georg Rothes von Nazisympathisanten entmachtet. Im Text des Senatsprotokolls der Hochschule[57] heißt es wörtlich: *"Der bisherige Rektor Professor Dr. Rothes tritt freiwillig vom Amt zurück. Ihm wurde der Dank des Senats ausgesprochen."* Damit beginnt für Georg Rothes, einem mutigen Gegner der Nazis, eine mehr als schwierige Zeit, die sich auf seine wissenschaftliche Arbeit und auch auf ihn privat gravierend auswirken wird.

Georg Rothes setzt auf Frankenforst einen Administrator ein, der für die Umsetzung der wissenschaftlichen Arbeiten in praktisches Handeln verantwortlich ist. Diplom Landwirt Alex Klaßen hat zuvor auf einem Betrieb der Fa-

---

[57]Senatsprotokoll der Landwirtschaftlichen Hochschule Bonn-Poppelsdorf v. 20.04.1933

milie Böker in Remscheid gearbeitet und dann bei Hasenclever auf Frankenforst. Die neue Anstellung bei der Landwirtschaftlichen Hochschule verschafft ihm ein besseres Gehalt und er heiratet Elisabeth Wierichs aus Büderich[58]. Die junge Frau Klaßen ist gelernte Hauswirtschafterin und bildet auf dem Gut auch weibliche Lehrlinge aus. Sie verköstigt Studenten, Angestellte und Arbeiter, bewirtschaftet den Bauerngarten und sorgt für eine ordnungsgemäße Vorratshaltung[59].

Doch leider ist ungestörtes Arbeiten für Georg Rothes nach 1933 nicht mehr möglich. Er hat einen mächtigen Gegner in der NSDAP, das ist Freiherr Kuno von Eltz-Rübenach[60]. Dieser führt von 1929-1932 die NSDAP Ortsgruppe Bonn Stadt und ist auch Studentenbundleiter der

[58] Mitteilung von Alexander Wierichs 19.11.2018

[59] Mitteilung von Ilse Suvrenor vom 26.08. 1994 an Dr. Josef Griese

[60] Kuno von Eltz-Rübenach -bereits ab 1930 betätigte sich Eltz-Rübenach als Agrarpolitiker der NSDAP im Rheinland-. Ab 1931 landwirtschaftlicher Gaufachberater im Gau Köln-Aachen von Gauleiter Joseph Grohé. Am 21. Juli 1933 Landesbauernführer der Landesbauernschaft Rheinland und damit der regionale Vertreter des Reichsbauernführers Richard Walther Darré. Am gleichen Tag übernahm er die Leitung des Gauamtes für Agrarpolitik. Eltz-Rübenach wurde 1933 Mitglied des Deutschen Reichsbauernrates; dann ab April 1941 des Reichsbeirates für Ernährung und Landwirtschaft. Am 8. Juni 1936 tritt Eltz-Rübenach in die SS (Mitglieds- Nr. 276.592) im Rang eines SS-Obersturmbannführers ein.

NSDAP in Bonn. Von Eltz-Rübenach hat sein Landwirtschaftsstudium nicht abgeschlossen, dafür aber eine steile Parteikarriere gemacht. Während seines Studiums soll es 1929 zu Differenzen zwischen ihm und Rothes, gekommen sein. Jedenfalls nutzt Kuno von Eltz-Rübenach seine Möglichkeiten, um Rothes zu schikanieren. Dabei geht er sehr subtil vor: Einerseits wird die Qualifikation von Georg Rothes dringend gebraucht, andererseits will er Rothes so viele Steine wie nur irgend möglich in den Weg legen und ihn gefügig machen. So kommt es zu Boykotten der Rothesschen Lehrveranstaltungen und zu einer ständigen Beobachtung durch Mitarbeiter. Administrator Klaßen wird freiwillig oder unfreiwillig zum Unterstützer des Freiherrn[61].

Einige Professoren der Hochschule verbreiten Gerüchte über Rothes.[62] Es wird gestreut, Rothes habe auf nicht rechtmäßige Weise seine Professur erlangt. Auf dem Hof gedeiht unseriöser Klatsch. Vorerst arbeitet Professor

---

[61] Mitteilung Rothes an Heinrich Havermann 14.04. 1936

[6250] Siehe Schreiben vom 16.05.1933, Rothes an den Minister f. Wissenschaft, Berlin/Archiv Universität Bonn, Personalakte Georg Rothes

Georg Rothes aber unbeeindruckt, wenn auch sehr belastet weiter. Sein Ziel ist es, mit Frankenforst ein Bindeglied zwischen Wissenschaft und Praxis zu schaffen: "*Zur Belehrung der Studierenden dienen Besichtigungen, Kurse in Tierbeurteilung, Tierfütterung und Pflege, sowie Unterweisungen in Feldfutterbau, in der Pflege der Weiden usw. Die in der Wirtschaft gewonnenen Erfahrungen und Versuchsergebnisse werden in den Hochschulen in Vorlesungen und Übungen verwertet. Außerdem steht Frankenforst den praktischen Landwirten dauernd zu Besichtigung zur Verfügung.*"[63]

Georg Rothes und seine Mitarbeiter führen Fütterungsversuche und Leistungsprüfungen bei den verschiedenen Tierarten durch, Musterställe werden gebaut und neuzeitliche Stalleinrichtungen getestet. Im Zeitraum von 1933 bis 1936 besuchen 3000 Bauern jährlich das Versuchsgut Frankenforst.

---

[63]Rothes, Georg, Wirtschaftsbeschreibung des Tierzuchtversuchsgutes Frankenforst der Universität Bonn, 1936

23. Zuchtinspektion 13.06.1934, 3.v.li. Heinrich Havermann, rechts Tierzuchtinspektor Werner Hünerlein

Für die damalige Zeit ist der Zuchttierbestand des Versuchsgutes eindrucksvoll. Frankenforst hat 1936 einen Pferdebestand von 10 Arbeitspferden, dabei eine Zuchtstute, einen Zuchteber, 14 Zuchtsauen, 31 Läufer und 18 Ferkel. Auch die Geflügelzucht wird intensiviert, 520 weiße Leghornhühner, alles Herdbuchtiere, produzieren täglich zwischen 189 und 215 Eiern. Besonders am Herzen liegt Georg Rothes die Rinderzucht; 82 Stück Rindvieh ist der Bestand 1936. Es handelt sich sowohl um schwarzbunte als auch um rotbunte Rinder. Die ersten Leistungsergebnisse der Rinder und Geflügelhaltung sind beeindruckend.

In seiner Versuchstätigkeit ist Rothes unermüdlich. Den Anregungen auf dem Reichsbauerntag 1934 folgend, wird in Frankenforst ein Bauerngarten angelegt. Wenig später folgt ein Gräser-Lehrgarten, der 30 verschiedene Grasarten zeigt.

Im Jahre 1934 wird die landwirtschaftliche Hochschule in Poppelsdorf der Universität Bonn angegliedert und wird nun zur Landwirtschaftlichen Fakultät. Wie die gesamte Universität Bonn ist sie durch die Nazis gleichgeschaltet. Der Druck für Rothes wird größer. Er muss die Ziele des

24. Übung im Schafstall

Reichsnährstandes[64] umsetzen und baut einen Schafstall, obwohl er eigentlich keine intensive Schafzucht betreiben wollte.
Nach kurzer Zeit kann sich auch der Schafbestand sehen lassen; ein Zuchtbock, 11 Mutterschafe und 15 Lämmer, außerdem ein Rassestall mit 8 weiteren Schafrassen, die der Demonstration dienen, sind vorhanden.

Zentrale Aufgaben des Reichsnährstands betreffen vor allem die Produktion, den Vertrieb und die Preise landwirtschaftlicher Erzeugnisse. Mit einer Fülle von Gesetzen und Vorschriften versucht die Hauptabteilung *"Markt"* die gesamte landwirtschaftliche Marktordnung zu regeln. Dazu gehört die Kontrolle der Markt- und Preisverhältnisse, die Regelung der Einfuhren, die Erfassung der inländischen Produktion und deren Verteilung im Reichsgebiet. Mit der angestrebten Steigerung der Produktivität

[64] Der Reichsnährstand (RNST) war eine ständische Organisation der Agrarwirtschaft und Agrarpolitik im Deutschen Reich in den Jahren 1933 bis 1945, die als Körperschaft des öffentlichen Rechts mit eigener Satzung sowie eigenem Haushalts-, Beitrags- und Beamtenrecht eingerichtet war.

in der Landwirtschaft will sich das NS-Regime vom Weltmarkt abschotten und eine landwirtschaftliche Autarkie herstellen. Unter dem Schlagwort *"Erzeugungsschlacht"* wird die deutsche Landwirtschaft ab 1934 daher zu Leistungssteigerungen mit dem Ziel der Selbstversorgung des deutschen Binnenmarkts aufgerufen. Georg Rothes spürt, dass die politischen Ziele der Nazis ihn immer mehr seiner wissenschaftlichen Freiheiten berauben und er seine eige-

25 Reportage des Reichsrundfunks 1936 mit Kuno von Eltz-Rübenach

nen Forschungsziele kaum noch realisieren kann. Zunehmend verliert er auch das Vertrauen in einige seiner Mitarbeiter, die überzeugte Nazis geworden sind. Dazu kommen Besuche von Parteimitgliedern auf dem Hof in seiner Abwesenheit.

1936 findet auf dem Gut Frankenforst eine Reportage des Reichsrundfunks statt. Aus diesem Anlass besucht auch Kuno von Eltz-Rübenach, inzwischen Vertreter des Reichsbauernführers, den Hof. Der Rundfunk und auch die Presse loben den Aufbau des in der Terminologie der NSDAP *"Mustergut"* genannten Versuchsgutes nach Kräften. Der Westdeutsche Beobachter ergeht sich in Lobhudeleien[65].

Georg Rothes fühlt sich von dem Regime missbraucht und macht aus dieser Haltung keinen Hehl.
Die Folgen spürt er bald, er kann Frankenforst nun nur noch nach vorheriger Genehmigung besuchen. In seinem Institut ist er ständigen Anfeindungen und Schikanen ausgesetzt. Nur wenigen seiner Mitarbeiter traut er noch. Besonders eng ist sein Verhältnis zu seinem Assistenten Heinrich Havermann. Havermann, der seit 1935 seine Promotion im Institut für Tierzucht und Molkereiwesen bei Georg Rothes vorbereitet, teilt die wissenschaftlichen Ziele seines Lehrers und ist ihm auch privat eng verbunden. Damals ist die Beziehung zwischen Hochschullehrer

[65]Westdeutscher Beobachter vom 17. Juni 1936

und Student wesentlich enger und erstreckt sich häufig auch auf den Freizeitbereich. So entsteht zwischen Rothes und Havermann auch eine private Freundschaft, die sich bis zu dessen Tod erhält.

Die wissenschaftlichen Erfolge, die auf dem Gut erzielt werden, lassen sich an den vielen Ausstellungserfolgen der Frankenforster Tierzucht ablesen. Auf der Ausstellung der deutschen Landwirtschaftsgesellschaft 1933 in Berlin erhält Frankenforst für die Zuchterfolge bei den Haustierarten Pferde, Rinder, Schweine, Schafe, Hühner 18 Siegerpreise und 22 zweite Preise. Bei den in den Jahren 1934 bis 36 stattfindenden Ausstellungen des Reichsnährstandes sind die Auszeichnungen für Trinkmilch besonders hervorzuheben.

26.Präsentation der Zuchttiere auf dem Gut

Ende 1935 wirbt der Freiherr von Eltz-Rübenach den Administrator Klaßen ab. Klaßen verlässt den Hof aus den unterschiedlichsten Gründen z. B. Krankheit und arbeitet sich bei seinem neuen Arbeitgeber, dem Freiherrn ein[66]. So profitiert der Landesbauernführer auf seinem Gut Paulshof in Wahn von den Züchtungserfolgen des Gutes Frankenforst. Er macht Klaßen zum Administrator seines Besitzes[67].

27. Im Wintergarten von Haus Frankenforst 1934 (rechts Heinz Rothes, Prof. G. Rothes, Ehepaar Klaßen, Verwalter W. Koch)

[66]Mitteilungen von Heinrich Havermann und Dr. Albert Dietz Januar 1936 an G. Rothes

[67] Klaßen stirbt am 13.07.1943 durch einen Unfall in Wahn/ Mitteilung A. Wierichs

Georg Rothes, erkennt die Absichten des Freiherrn und betraut von Ende Januar 1936 an seinen Assistenten Heinrich Havermann mit der Funktion des Administrators auf Frankenforst[68].

Die Klaßens verlassen Frankenforst. Rothes und Havermann finden nach schwieriger Suche im April 1936 einen geeigneten Bewerber für die Administratorstelle. Antonius Uhlenberg arbeitet zunächst als Wirtschaftsinspektor auf dem Gut. Die Stelle des Administrators ist ab dem 01.01.1937 neu zu besetzen, die Hochschule zögert mit der Neubesetzung.

Havermann berichtet über diese Zeit: "*Seitens der Parteifunktionäre wurde festgelegt, welche Besucher auf Frankenforst noch persönlich mit Rothes sprechen durften. Alle seine Schriftwechsel und Publikationen unterlagen scharfer Kontrollen. Akten wurden entfernt. Die ewigen Bespitzelungen machten offene Gespräche mit ihm, sowohl auf dem Gut als auch im Institut annähernd unmöglich. Wichtige Entscheidungen konnten wir nur noch in der*

---

[68]Lebenslauf Dr. Heinrich Havermann zum Habilitationsverfahren, 03.07.1946

Privatwohnung von Rothes besprechen.[69] Später charakterisiert er Rothes als:[*. . .]unbeugsam seine Prinzipien vertretend, das Wohl der Hochschule und des Gutes über alles stellend, Übergriffe furchtlos abwehrend, angegriffene Kollegen schützend, die wie er selbst mit der Entfernung aus der Stellung bedroht waren, so hat er damals unbeirrt gewaltet und sicher manches Unheil verhütet. [...]Mit Mut setzte er sich dafür ein, Geist und Unrecht des nationalsozialistischen Regimes zu verurteilen [. . .]"*

---

[69]Mitteilung von Heinrich Havermann, Dezember 1965

Kriegsjahre auf Frankenforst 1939-1945

Heinrich Havermann will seine Promotion abschließen, gleichzeitig die Administration in Frankenforst weiterzuführen, ist ihm deswegen nicht mehr möglich. Prof. Rothes drängt ihn, seine wissenschaft-

28. Else und Antonius Uhlenberg

liche Laufbahn weiterzuverfolgen. Mit Antonius Uhlenberg aus Werl-Büderich und seiner Frau Else gelingt Rothes 1938 eine Stellenbesetzung genau nach seinen Wünschen. Uhlenberg den er schon 1936 als Wirtschaftsinspektor beschäftigt hatte, erhält 1938 die vakante Administrator- Stelle. Seine Frau Else betreut schnell wieder weibliche Lehrlinge. Den Uhlenbergs werden später auf dem Hof drei Kinder geboren.

Auf dem Gut befinden sich zu dieser Zeit zwei Doktoranden und 8 Studenten, 5 Lehrlinge und 13 Arbeitskräfte[70]. Wenig später bricht der Krieg aus. Eine Weiterentwicklung des Versuchsgutes ist nicht mehr möglich. Zu allem Übel brennt 1939 die große Scheune ab, und die Heu- und Strohvorräte sind vernichtet. Die Fütterung des Viehbestandes wird zum Problem.

Ein Löschteich wird angelegt, in den später auch Fische eingesetzt werden. Luftschutzräume werden eingerichtet, und es finden Luftschutzübungen statt. Ein großer Teil der Arbeitskräfte wird zum Wehrdienst eingezogen, Material- und Nahrungsmangel behindern die tägliche Arbeit auf dem Hof. Das Vieh kann nicht mehr ordnungsgemäß gefüttert werden und die Vermarktung der erzeugten Produkte wird dem Hof vollkommen aus der Hand genommen. Das Ernährungsamt des Siegkreises lässt landwirt-

---

[70]Mitteilung Dr. Albert Dietz, Okt. 1945

schaftliche Erzeugnisse einziehen, Eier werden zum Beispiel von 1941 an in regelmäßigen Abständen an den Eierwirtschaftsverband abgeliefert. Offensichtlich gerät Frankenforst im Jahre 1941 mit der Lieferung von 450 Eiern in Rückstand[71]. Über die Gründe ist leider nichts mehr festzustellen. Im Januar 1942 lässt der zuständige Bauernführer alle Zentrifugentrommeln und Butterfässer einziehen[72]. Als Grund wird angegeben, die Fettversorgung des Reiches müsse gesichert sein. Die Bauern können keine eigene Butter mehr herstellen. Durch alle diese Maßnahmen ist eine durchgängige Versorgung aller auf dem Hof Lebenden nicht mehr gewährleistet.

[71] Landrat des Siegkreises April 1942 an A. Uhlenberg
[72] Mitteilung des Ortsbauernführers an A. Uhlenberg vom 04.01.1942

Landrat des Siegkreises
Ernährungsamt

An

A. Uhlenberg

Frankenforst

Haus

Betrifft: Festsetzung eines Eierablieferungssolls für die Hühner- u. Entenhe

Durch Bekanntmachung des [illegible] Rheinland vom [illegible] ist für [illegible] des Siegkreises eine Ablieferungsmenge von **mindestens 60 Eiern** [illegible] für die Zeit vom 1. 10. 1941 bis [illegible] 1942 festgesetzt worden.

Unter Berücksichtigung eines Bestandes von 2013 [illegible] oder Enten und unter Zugrundelegung von 2 Personen Ihres Haushaltes als Eigenverbraucher beträgt Ihr Ablieferungssoll für [illegible] Zeit

mindestens 1120 Eier.

Hierauf sind abzuliefern mindestens 10 Eier in der Zeit vom 1. 10. 1941 bis 31. [illegible] 1942
[illegible] Eier in der Zeit vom 1. 4. 1942 bis 30. 6. 1942
10 Eier in der Zeit vom 1. 7. 1942 bis 30. 9. 1942
je Henne oder Ente.

Außerdem [illegible] aus dem Jahre 1941 noch [illegible] 950 Eiern im Rückstand. [illegible] ist bis spätestens 1. Juli 1942 nachzuliefern.

Der Nachweis über die abgelieferten Eier ist spätestens 8 Tage nach Ablauf der [illegible] Ablieferungsfristen zu erbringen, und zwar durch Vorlage von:

a) Abgabebescheinigungen der zugelassenen Eiersammelstellen,
b) Berechtigungsnachweisen des Ernährungsamtes,
c) Bezugscheinen der [illegible],
d) Bezugscheinen der [illegible] Betriebe,
e) Brüterei-Bezugscheinen.

Sofern Sie nach Deckung des eigenen Verbrauchs und nach Erfüllung Ihres Ablieferungssolls Eier zur Verfügung haben, müssen auch diese überschüssigen Eier abgeliefert werden. Es ist verboten, Eier auf anderen als auf den gesetzlich vorgeschriebenen Wegen abzugeben oder zu verschenken.

Verstöße werden nach den geltenden Vorschriften bestraft.

Der Bürgermeister als Beauftragter des Land[illegible]
[illegible] i. A.

Der Ortsbauernführer. Oberpleis, den 04. Jan. 1942.

Herrn A. Uhlenberg
Frankenforst

Als örtlich Beauftragter für die Durchführung der Anordnung Nr.A. 28 vom 9. April 1941 der Hauptvereinigung der Deutschen Milch- und Fettwirtschaft setze ich Sie davon in Kenntnis, dass die Einziehung der Zentrifugentrommeln und Butterfässer im Bereich der Ortsbauernschaft am 11. Januar 1942 erfolgt. Die Einrichtungsgegenstände werden an diesem Tage durch einen Lastwagen abgeholt und in einem geeigneten Raume untergebracht, wo ihre pflegliche Behandlung sichergestellt ist.

Zu diesem Zwecke sind die Gegenstände mit einem gu befestigten Schild zu versehen, das den Namen der Ortsbauernschaft und die Nummer 2 des Verzeichnisses sowie Namen, Vorname und Wohnort des Eigentümers trägt.

Betriebsunternehmer, welche dieser Aufforderung nicht nachkommen, haben mit der Verhängung einer Ordnungsstrafe durch den Milch- und Fettwirtschaftsverband Rheinland-Westfalen in Essen und erforderlichenfalls mit polizeilichem Zwange zu rechnen.

Ich bin jedoch gewiss, dass in meiner Ortsbauernschaft kein Betriebsführer sich der Einsicht verschliesst, dass die angeordnete Massnahme im Interesse der Sicherstellung der Fettversorgung des deutschen Volkes notwendig ist, und im Geist oft bewiesener Solidarität die einzuziehenden Gegenstände zur Verfügung gestellt werden, ohne dass es der Anwendung von Strafen und Zwangsmitteln bedarf

Heil Hitler!

Uhlenberg hat ein großes Geschick darin, aus wenig viel zu machen. Ihm und seiner Frau gelingt es immer noch, die Lebenssituation der Familie und der Hofbewohner erträglich zu gestalten. Uhlenberg ist auch unwahren Gerüchten und Verleumdungen durch seinen Rechnungsführer ausgesetzt. Die Gestapo besucht den Hof und verhört alle Bediensteten. Der Urheber wird in Haft genommen, Uhlenbergs Ehre wiederhergestellt[73]. Es kehrt vorläufige Ruhe ein. Es sind nicht nur die Einschränkungen in der Ernährung, die die Hofbewohner zermürben, ständig müssen die Wohnräume und Ställe verdunkelt sein, bei Luftalarm müssen die Schutzräume aufgesucht werden.

Der Freiherr von Eltz-Rübenach ist zu dieser Zeit Leiter des Ernährungsamtes der Rheinprovinz. Der Reichsnährstand will um jeden Preis die Selbstversorgung Deutschlands auch im Krieg sicherstellen, dazu sind die Forschungen auf Frankenforst von großer Bedeutung. Rothes wird wegen *„Unentbehrlichkeit"* vom Kriegsdienst

---

[73]Personalakte Uhlenberg, Universitätsarchiv Bonn

befreit. Von Eltz-Rübenach lässt die Forschungs- und Leistungsberichte des Gutes ständig überprüfen, nicht zuletzt zu seinem eigenen Nutzen. Er fordert Rothes und Uhlenberg zur Intensivierung der Forschung auf. Damit dafür genügend Arbeitskräfte zur Verfügung stehen, wird auf dem Gut ein Zwangsarbeiterlager eingerichtet. Wehrlose Menschen müssen gegen ihren Willen einen Teil ihres Lebens unter erniedrigenden Umständen verbringen.

Rothes und Uhlenberg wollen die Zwangsarbeit auf dem Versuchsgut verhindern. Sie argumentieren mit der mangelnden Sachkenntnis und Erfahrung der Arbeiter. Sie können sich natürlich nicht durchsetzen. Für die Nazis dient die Zwangsarbeit dem Ersatz der durch den Kriegseinsatz in der Wehrmacht in Deutschland fehlenden Männer. Es erfolgt eine drastische Trennung von der auf Frankenforst und im Dorf Vinxel lebenden deutschen Bevölkerung und den Zwangsarbeitern, in dem ehemaligen Polen-Haus untergebracht werden. Ca. 20 Arbeiter leben, von Wachtruppen des Zuchthauses Siegburg aufs Schärfste kontrolliert, unter erbärmlichsten Bedingungen nahe des Hofgeländes. Es sind *"Westarbeiter"* und "*Ostarbeiter"*. *"Westarbeiter"* stehen höher in der Hierarchie, während *"Ostarbeiter"*, die erst aus Polen, später auch aus Russland kommen, sind dagegen auf ihrer Kleidung durch ein Schild gekennzeichnet und werden wie Sklaven behandelt[74]. Das sogenannte "Arbeitskommando" des Zuchthauses Siegburg ist eines von 16 Arbeitskommandos und zwölf Zwangsarbeiterlagern in und um Siegburg. Im Siebengebirgsraum ist eine größere Zahl Zwangsarbeiter zur Erntehilfe auf den Höfen eingesetzt.

Ein Großteil der ausländischen Inhaftierten ist von deutschen Sondergerichten in den besetzten Gebieten verurteilt und nach Siegburg verschleppt worden. Der andere Teil ist in Deutschland verurteilt worden, darunter auch Bürger aus der Region, zum Beispiel aus Oberdollendorf. Ihre Verurteilung erfolgt häufig aus Anlässen wie diese: Abhören ausländischer Sender, deutschfeindliche Kundge-

---

[74]Mitteilung von Dr. Albert Dietz an Heinrich Havermann, Oktober 1945

bung, Fahnenflucht, fahrlässiger Landesverrat, Feindbegünstigung, usw.[75] Kontakte zwischen den Zwangsarbeitern und den noch auf dem Hof verbliebenen Studenten, Lehrlingen und Angestellten sind strengstens untersagt. Der Wachtrupp sorgt mit Schlägen und Schüssen dafür, dass jegliche Kommunikation unterbleibt. Zwischen 1943 und 1945 erkranken einige der Zwangsarbeiter an Fleckfieber, es gibt Tote. Wo diese bestattet werden, kann bisher nicht festgestellt werden. Einen Bericht über Alltagsgeschehen in dem Zwangsarbeiterlager gibt uns ein Zeitzeuge:

" Im Nachbarhaus meiner Eltern, in Oberdollendorf, Rennenberg Straße 42, wohnte die Familie Klaes. Ludwig Klaes, der Familienvater, war Kommunist. 1935 wurde er von den Nazis verhaftet und zunächst im Kölner Klingelpütz inhaftiert. Im darauffolgenden Gerichtsprozeß wurde er zu sieben Jahren Zuchthaus verurteilt, von denen er fünf Jahre im Gefängnis Siegburg absaß.

[75]vergl. Zenker, Dr. Peter, Zwangsarbeit in Siegburg, Siegburg 2005

In den Sommern wurde er zu Ernteeinsätzen gemeinsam mit anderen Strafgefangenen häufig auf Gut Frankenforst eingesetzt. Bei den Feldeinsätzen wurden die Häftlinge von einem Posten mit Karabiner bewacht. Posten und Häftlinge wurden abends mit einem Auto zurück ins Gefängnis nach Siegburg gebracht. Das geschah aber nicht regelmäßig. Offenbar abhängig vom Arbeitsanfall erfolgte gelegentlich auch eine Unterbringung in der sogenannten Polenbude. Die Polenbude hatte, soweit ich mich erinnern kann, im Untergeschoß vergitterte Fenster.

Wenn die Familie Klaes erfuhr, dass der Vater auf Gut Frankenforst eingesetzt war, gingen wir Kinder, d.h. Ludwig Klaes 12 Jahre, Rudi Klaes 10 Jahre, mein Bruder Franz 14 Jahre und ich 9 Jahre, möglichst unauffällig über Feldwege, um bei den Erntegruppen Ludwig Klaes sen. zu entdecken. Die Posten durften auf keinen Fall erfahren, weshalb die Kinder in der Nähe der Gefangenen spionierten. Es wurde berichtet, dass Häftlinge sofort verlegt worden wären, wenn bekannt wurde, dass Verwandte Kontakte versucht hätten.

Einige Male sind wir Kinder abends nach Feierabend auch an der Polenbude vorbeigegangen und haben durch die vergitterten Fenster den Vater der Freunde gesehen, der das Vorbeischlendern seiner Kinder offenbar stets erwartet hatte. Vater und Kinder mussten sich mit einem Blickkontakt zufriedengeben. Alles verlief gekonnt unauffällig und konspirativ. Ich vergesse nie den unendlich traurigen Blick des eingesperrten Vaters, wenn er seine Kinder sah. Wenn wir von Erwachsenen gefragt wurden, was wir so spät noch auf der Straße zu suchen hätten, so sagten wir, wir seien Kinder von Vinxel und wären auf dem Heimweg"[76].

Im Verlauf der Kriegsjahre wird die Situation immer schwieriger. Prof. Rothes kann das Gut nur noch selten besuchen. Eine kurze Zeit kann Heinrich Havermann noch die Kommunikation zwischen Institut und Versuchsgut aufrechterhalten, dann wird er 1941 zum Wehrdienst eingezogen. Auf dem Gut lebt nur noch Uhlenberg mit seiner Familie, ein Melker, ein Schweinemeister, ein Doktorand,

---

[76]Mitteilung von Karl Schumacher, Oberdollendorf, 20.Sept. 2012

vier Lehrlinge und die Zwangsarbeiter mit dem Wachpersonal. Durch den Fliegeralarm und die Knappheit der Futtermittel entstehen Konflikte zwischen den Bediensteten und Rothes. Eine Reihe von Erkrankungen wie TB bei Kälbern und Abortus Bang bei Kühen suchen die Versuchstiere heim. Es gibt Verluste.

Die Angriffe auf die Region mehren sich und Frankenforst wird *"wehrtauglich"* gemacht.

Auf dem Gelände des Versuchsgutes südwestlich von Vinxel, richtet die Wehrmacht 1944 Batterien der Artillerie ein. Im Volksmund heißt es: *"Festung Vinxel"*[77]. Die Flak soll das Munitionslager auf der Dollendorfer Hardt und ein Depot bei Ramersdorf schützen. Wehrmachtsangehörige werden auf dem Hof untergebracht. Im Bereich der großen Scheune des Gutes wird eine weitere schwere Flak aufgestellt. Ende 1944 müssen der Administrator Uhlenberg und seine Familie den Hof verlassen. Kriegsbedingt kann Frankenforst nicht mehr bewirtschaftet werden. Die Nazis und die Wehrmacht wollen die Familie los sein. Nun

---

[77]Dreesbach, Franz, Protokoll u. Verwaltungsbuch der Kapellengemeinde Vinxel

sind die landwirtschaftlichen Einrichtungen praktisch unbeaufsichtigt. Panzer werden auf dem Hof stationiert. Durch die Wehrmacht werden die Äcker und Wiesen zerfahren, Maschinen, Geräte und der größte Teil des Viehs werden gestohlen. Mit dem Näherrücken der Front häufen sich die Angriffe alliierter Jagdbomber. Sie beschießen bewegliche Ziele. Gegen diese Luftbedrohung wird die Frankenforster Flak eingesetzt. Ihre Erfolge sind jedoch letztlich nur sehr gering.

Die Amerikaner befreien das Gut

Am 7. März 1945 überqueren die amerikanischen Truppen die Remagener Brücke. Bis zum 17. März werden 17 Regimenter über den Rhein gebracht. Der deutsche Gegenangriff ist zu schwach, um die Amerikaner aufzuhalten. Die Truppen des General Eisenhower, die 78th Infanterie Division "*Lightning*" genannt, erreicht am 19. März die Orte Oberdollendorf, Heisterbacherrott, Vinxel und Frankenforst. Die Orte sind nur schwach gesichert und die Truppen haben kaum Schwierigkeiten, sie einzunehmen. Die Batterien der Amerikaner beschießen Tag und Nacht die Gegend und treffen die Gebäude des Versuchsgutes und das Dorf Vinxel. Die deutschen Stellungen erwidern mit Artillerie–Beschuss, und es werden Gebäude des Gutes durch Granattreffer schwer in Mitleidenschaft gezogen. Die Amerikaner zerstören zwei Panzer auf dem Gut und verfolgen vier weitere in Richtung Vinxel und Stieldorf. Am 20. März erreicht das 1. Bataillon der 309. Infanterie gegen 5:45 Uhr das Gutsgelände. Bei Kämpfen auf dem Hof kommen dem amerikanischen Militärbericht zufolge, 27 deutsche und 17 amerikanische Soldaten um. 28 Verletzte werden gemeldet[78].Der Bericht schildert auch die Munitionsfunde auf dem Gut: 685 Artilleriegeschosse, 230 Mörsergeschosse und einige Plastikminen. Der amerikanische Hauptfeldwebel Warren Binkley schildert die Einnahme des Gutes:" *[...] als der Unteroffizier und ich ankamen, bewegte sich niemand weiter. Wäre dort ein Maschinengewehr gewesen, um die Gegend abzudecken, hätten wir nicht durchdringen können. Zum Glück war niemand dort, um uns aufzuhalten. Nach dieser anfänglichen Verzögerung rückten unsere Scharfschützen vor, die Gebäude zu "säubern". Unsere Maschinengewehreinheit rückte in Richtung Stallungen vor, um ein besseres Schussfeld zu erlangen. Zu dieser Zeit war der Widerstand des Feindes ziemlich schwach. Dann brach plötzlich Panzer- und Artilleriebeschuss aus, und es war bedrohlich. In der Gegend um den Kuhstall und die Scheune erlebten wir sehr schwere Verluste. Wir mussten 16-17 Personen aus*

[78]Bericht der 78th Inf. Div. vom 19.03.1945, Nr. 37, Place: F632254

diesem Arial evakuieren. Ich war gerade dabei, meine Ausrüstung und meine Munition abzunehmen, als ich und drei weitere Kameraden von Kugeln getroffen wurden. Ich rannte zum CP[79] *des Zuges, um einen weiteren Sanitäter ausfindig zu machen, da unserer kurz zuvor getötet wurde, als er versucht hatte, die Scheune zu erreichen. Glücklicherweise hatten wir einen deutschen Sanitäter gefangen genommen, und wir zwangen ihn, mich zu behandeln. Das alles geschah* vormittags. *Unsere Verluste wurden in erster Linie durch Panzer- und Artilleriebeschuss herbeigeführt, alles Deutsche 8,8er*[80]*. Ich wurde in das Krankenhaus für Evakuierte gebracht und später nach England geflogen*[81]*.*

Die amerikanischen Truppen haben kaum Mühe, die umliegenden Ortschaften Ettenhausen, Niederholtorf, Roleber usw. einzunehmen. Amerikanische Offiziere beziehen das Frankenforster Herrenhaus und richten dort Büros und Wohnräume ein. Sie lösen das Zwangsarbeiter-Lager

---

[79]CP=Abk. Gefechtsstand, Kommandoposten
[80]8,8-cm-FlaK 18/36/37=Munition für eine schwere Flugabwehrkanone (Flak)
[81]Bericht des Hauptfeldwebel Warren Binkley, 78th Inf. Division, 04.10.1999, Übersetzung Norbert Pieper

auf und bringen alle Überlebenden nach Oberkassel, wo sie ein Camp für DPs (Displaced Persons) einrichten. Dort warten die Unglücklichen nun darauf, in ihre Heimatländer zurückkehren zu können.

Als am 7. Mai 1945 die bedingungslose Kapitulation Deutschlands unterzeichnet wird und am 8. Mai in Kraft tritt, ziehen die Amerikaner von Frankenforst ab. Englische und belgische Offiziere übernehmen nun Gutshaus und Gut in alliierte Militärverwaltung. Alles was noch irgendeinen Wert hat, wird von den Besatzungstruppen requiriert. Im Juni 1945 besucht Prof. Rothes mit seinem früheren Administrator Uhlenberg, der den gesamten Weg aus Werl zu Fuß zurückgelegt hat, zum ersten Mal wieder das Versuchsgut. Antonius Uhlenberg berichtet über den Besuch seiner Familie in einem einzigen Satz: *"Es war nichts mehr da, einfach nichts!"*[82]

Frankenforst ist im Verlauf seiner Geschichte häufig von politischen Veränderungen, von Plünderungen und landesherrlicher Willkür getroffen worden. Doch nie waren die

---

[82]Mitteilung von Eckhard Uhlenberg, Sohn des Antonius Uhlenberg, vom März 2012

Auswirkungen so schlimm wie am Kriegsende 1945. Das Gut ist völlig zerstört, es gibt kein Gerät mehr, kein Vieh, keine Vorräte oder gar Bestände an Futtermitteln, nur noch völlig zerstörte oder schwer beschädigte Gebäude. Die Äcker und Wiesen, die zum Gut gehörenden Waldungen, alles ist durch die Kriegshandlungen zerfahren, verwüstet und ausgeplündert und so für landwirtschaftliche Bewirtschaftung nicht mehr brauchbar.

Nachkriegsepisoden

Die englischen Besatzer lassen das Gut von deutschen Kriegsgefangenen aufräumen, vor allem schaffen sie Munition weg. In der Umgebung wird nach "*entlaufenem*" Vieh gesucht und eine Kuh und ein Rind werden tatsächlich "*wiedergefunden*". Sie lassen auch einige der Äcker instandsetzen und verpflichten Personen aus den umliegenden Orten zur Erntehilfe.

So berichtet der Oberkasseler Bürger Willi Hey:" *Ich war auf dem Gut Frankenforst bei Vinxel zur Erntearbeit von den Engländern verpflichtet worden. Eines Tages mussten wir eine Wiese in der Nähe des Hauses mähen. Dies geschah teils mit dem vom Pferd gezogenen Mäher, teils mit der Sense. Da der Mäher nicht mehr weiterfuhr, mussten wir eine Handgranate entfernen, die sich festgesetzt hatte. Mehrere ehemalige deutsche Soldaten, die ebenfalls zur Erntearbeit verpflichtet waren, mähten das hohe Gras mit der Sense. Einer von ihnen zog ein Rohr aus der Erde. Es war eine deutsche Panzerfaust, die explodierte. Der Soldat war sofort tot, er hatte alle Feldzüge von Frankreich bis Russland mitgemacht, auf dem Friedhof in Oberkassel wurde er nun beerdigt. Zwei Oberkasseler wurden leicht verletzt."*[83]

Frankenforst ist in dieser Zeit auch mehrmals das Ziel von Insassen des Displaced-Person-Lagers in Oberkassel, die Raubzüge in die Umgebung machen. Ein Zeuge berichtet: *"Eines Nachts suchten Jugoslawen aus dem Lager Oberkassel zum wiederholten Mal das Gut Frankenforst heim. Hier arbeiteten etwa 8-10 ehemalige deutsche Soldaten in der Landwirtschaft. Sie empfingen die räuberischen Lagerinsassen mit Handgranaten, die in ausreichender Zahl im Wald herumlagen. Ein Jugoslawe wurde schwer verletzt. Die Sache wurde der englischen Militär-Regierung in Siegburg bekannt. Es kam zu einer Gerichtsverhandlung, aber die Deutschen wurden nicht verurteilt."*[84]

---

[83] Hey, Willi, Oberkassel im Krieg und in der Nachkriegszeit, Bonn-Oberkassel 1995, S.65

[84]ebd. S. 72

Die Militärregierung sucht in den umliegenden Ortschaften nach einer Person, die sie vorläufig mit der Aufsicht über das Gutsgelände betrauen können. Sie übergeben Ernst Michael Adrian aus Oberkassel, dem Ehemann der Maria Döninghaus den Hof. Adrian kennt sich natürlich bestens auf dem Gutsgelände aus, außerdem ist er von seinem Wohnhaus in Oberkassel in relativ kurzer Zeit auf dem Hof. Er beaufsichtigt die Arbeiter und Kriegsgefangenen, die auf dem Hof dienstverpflichtet sind und sorgt für eine gewisse Ordnung auf dem Gut.

Im September 1945 beginnen Prof. Rothes und Dr. Heinrich Havermann Verhandlungen mit der Besatzungsmacht über das künftige Schicksal Frankenforsts. Bedingt durch mangelnde Kenntnisse der Militärregierung kommt es zu Kämpfen um die Eigentumsrechte an dem Gut. Es kommt zu einem Prozess um die Besitzrechte der Universität an dem Hof, private Kläger wollen sich den Hof aneignen. Die Universität gewinnt das abstruse Verfahren und 1946 gibt die Besatzungsmacht Frankenforst wieder in die Hände der Universität zurück. Der Wiederaufbau kann angegangen werden.

In dieser Zeit vor der Währungsreform gehörten dazu wohl sehr viel Mut, Optimismus und eine unerschütterliche Tatkraft. Georg Rothes beginnt mit dem Neuanfang. Vor ihm liegen kaum überwindbare materielle und finanzielle Probleme. Schlimmer sind für Rothes jedoch seine Enttäuschung und Verbitterung über das charakterliche Versagen von Menschen, denen er vertraut hatte und von denen einige auch jetzt noch nicht ihr Versagen erkennen. In Rothes sind seine Zukunftshoffnung und sein Vertrauen in die Politik erloschen. Im Zuge des Prozesses um die Besitzrechte am Hof wird Rothes durch die unterliegende Partei neuen Denunziationen, Verleumdungen und Erpressungen ausgesetzt. Es kommt zu einer Anklage wegen Verbrechen gegen die Menschlichkeit. Rothes wird die Verantwortung für das Zwangsarbeiterlager vorgeworfen. Vor der 1. Kammer des Kölner Bezirksgerichtes wird Rothes im Januar 1948 von allen Vorwürfen freigesprochen. Es wird ausdrücklich festgestellt, dass Rothes sogar Lebensmittel des Gutes an die Gefangenen weitergegeben habe und damit seine Existenz gefährdet habe.

Als 1948 seine Frau stirbt, geht ihm seine innere Freude verloren und er bringt nicht mehr die nötigen Kräfte auf, die für den Wiederaufbau nötig sind. Trotzdem führt er mit Unterstützung von Heinrich Havermann und wenigen anderen Mitarbeitern zähe Verhandlungen, um die nötige Finanzierung für den Neuaufbau des Betriebes zu erlangen.

28.Dr.hc. Heinrich Lübke, rechts

Es ist besonders Dr. h.c. Heinrich Lübke, der 1947 Landwirtschaftsminister des neu gegründeten Landes Nordrhein-Westfalen wird, der den Neuaufbau von Frankenforst vehement unterstützt.

Auch Rudolf Amelunxen, der erste Ministerpräsident des Landes, erkennt die Bedeutung des Versuchsgutes für den

Wiederbeginn. Deutschland ist zerstört, die Menschen in der Nachkriegszeit leiden große Not.

Die landwirtschaftliche Produktion wieder in Gang zu bringen, ist eine der wichtigsten Aufgaben des neuen Landes NRW. Rothes, Lübke und Havermann führen Verhandlungen mit Vertretern der amerikanischen Alliierten. Hilfreich dabei ist, dass Rothes ausgewiesener Gegner des Naziregimes ist und als Verhandlungspartner bei den Amerikanern Anerkennung und Akzeptanz genießt. So veranlasst die amerikanische Militärregierung, dass Dr. Heinrich Havermann, seit 1947 außerplanmäßiger Professor für Tierzucht und Tierfütterung, eine viermonatige Studienreise in die USA unternimmt. Dort studiert er die neuesten Forschungsergebnisse der amerikanischen Wissenschaftler auf dem Gebiet der Tierzucht und Tierfütterung. Nach Havermanns Rückkehr überträgt Prof. Rothes ihm 1949 die Leitung des Gutes. Havermann soll seine Erfahrungen aus den USA in Frankenforst umsetzen.

Es sind nicht nur die finanziellen Probleme, die den Neustart von Gut Frankenforst schwierig machen. Der Hof muss bewirtschaftet werden und dazu gehören qualifizierte Arbeiter und Angestellte. Die ersten Nachkriegsjahre sind eine Zeit ständiger Neuorientierung, der Suche nach einer neuen Heimat, nach verschollenen Familienmitgliedern, der Versuch der Schaffung einer neuen Existenz. In die Orte Vinxel und Stieldorf gelangen Flüchtlinge aus dem Osten, eine größere Gruppe stammt aus Schlesien. Einige von ihnen erhalten Arbeit auf dem Hof. Sie sind gute zuverlässige Arbeiter und haben Jahre, ja, Jahrzehnte großen Anteil am Wiederaufbau des Gutes. Viele ausgebombte und entwurzelte Menschen bewerben sich um Arbeit. Bei vielen von ihnen reichen die Kenntnisse und Qualifikationen für die Tätigkeit auf einem wissenschaftlichen Forschungsbetrieb nicht aus, andere sehen den Job in der Landwirtschaft als kurzfristige Tätigkeit an, bis es ihnen gelingt eine neue Existenz zu gründen. Da die Versorgungslage in der Region schlecht ist, ist eine Bezahlung mit Geld für viele der Arbeiter nicht interessant. Kaufen kann man ohnehin nicht viel. So wird ihnen ein Teil ihres Einkommens als Deputat ausgezahlt. Sie erhalten Getreide, Gemüse, Obst, Fleisch, Milch, Eier und Fett aus der Produktion des Gutes als Teil ihres Gehaltes. Für viele ist das die einzige Möglichkeit einer kontinuierlichen Versorgung ihrer Familien.

Immer wieder kommt es zu Konflikten mit Arbeitern, die ihre eigenen Haustiere halten. Das ist nach den Arbeitsverträgen verboten. Da auf Frankenforst intensiv Tierzucht betrieben wird, ist das Risiko der Paarung mit Hühnern und Schweinen der Arbeiter zu groß. Das könnte ganze Zuchtreihen gefährden. Manche der Arbeiter halten sich nicht an dieses Verbot. Aus diesem Grund kommt es immer wieder zu Wechsel im Personal. Auch wenig Verständnis für Hygienefragen, die bei Zuchtviehhaltung eben besonders wichtig sind, führen zur Auflösung so mancher Arbeitsverhältnisse. So sind die ersten Jahre gekennzeichnet von einem ständigen Kommen und Gehen auf dem Betrieb. Die Personalakten des Gutes aus den Jahren 1946 bis 1950 geben die Probleme der Menschen in Nachkriegsdeutschland deutlich wider. Trotz aller dieser Schwierigkeiten erreichen Georg Rothes und Heinrich Havermann eine deutlich sichtbare Neuentwicklung des Betriebes innerhalb von drei Jahren. 1949, ein Jahr nach der Währungsreform, feiert Frankenforst in kleinem Rahmen erstmals nach dem Krieg wieder ein Erntefest.

Wir sind wieder wer – Die 50er und 60er Jahre

Neben seiner a.p. Professur übernimmt Heinrich Havermann 1950 die Professur des neu eingerichteten Lehrstuhls für Kleintierzucht und-Kleintierhaltung, der dem Institut für Tierzucht und Tierfütterung angeschlossen ist.

29.Prof. Dr. Heinrich Havermann

Die große Begabung seines Lehrers und Amtsvorgängers Georg Rothes weiß er sehr zu würdigen. So wird Georg Rothes ihm Leitbild für den weiteren Aufbau des Versuchsgutes.

Die fünfziger Jahre sind geprägt von einer regen Bautätigkeit und den Bemühungen um einen geordneten Aufbau des Versuchsgutes unter den neuen politischen und gesellschaftlichen Bedingungen.

Die zerstörten Gebäude werden wieder aufgebaut, außerdem werden zusätzliche Stallungen für die Schweinehaltung, ein Melkstall und Wirtschaftsgebäude errichtet. Dadurch erhalten zahlreiche Handwerksbetriebe in den umliegenden Dörfern wieder Aufträge. Ihre Bezahlung ist durch die Universität Bonn sichergestellt. Das ist in diesen Jahren keine Selbstverständlichkeit. Das Dorf Vinxel und damit auch Frankenforst wird 1953 an das Wasserleitungsnetz angeschlossen. Vorher erfolgte die Wasserversorgung durch eine eigene Quelle mit Pumpensystem. Auch das *"Herrenhaus"* wird nach den alten Plänen wiederhergestellt. Es dient nun als Wohnhaus für Doktoranden, Studenten, Lehrlinge und die Administration.

Für einen effektiven wissenschaftlichen Erfolg des Versuchsgutes unter den neuen Bedingungen in der gerade neu gegründeten Bundesrepublik Deutschland sind qualifizierte Arbeitskräfte dringend notwendig. Die politische und wirtschaftliche Situation hat sich Anfang der fünfziger Jahre leicht gebessert. Es herrscht jedoch, bedingt durch die ungeheuren Zerstörungen, große Wohnraumnot. Heinrich Havermann weiß, dass er seinen Arbeitern und Angestellten akzeptable Wohnverhältnisse zur Verfügung stellen muss. So legt er Wert auf den zügigen Ausbau von Wohnungen. Bei der Auswahl neuer Arbeitskräfte bevorzugt er junge Leute oder Flüchtlinge.

Nach einigen schwierigen Personalien in der Administration gelingt 1953 eine Stellenbesetzung, die den Geist von Frankenforst über Jahrzehnte prägen sollte. Dr. Alwin Meerpohl, der bis 1953 wissenschaftlicher Assistent im Institut für Tierzucht und Tierfütterung in Bonn ist, übernimmt die Administratorstelle des Versuchsgutes. Seine Frau Maria, gelernte Hauswirtschaftsmeisterin, übernimmt die Führung des Gutshaushaltes und die Ausbildung weiblicher Lehrlinge.

Meerpohl ist in dem Betrieb Praktiker, Forscher und Lehrer zugleich. Mit großem fachlichem und persönlichem Engagement trägt er, tatkräftig unterstützt von seiner Frau, entscheidend zur Gestaltung des Versuchsgutes als wissenschaftlicher Versuchsbetrieb und anerkannte Ausbildungsstätte bei. Mit großer Fürsorge bereitet das Ehepaar Meerpohl Lehrlinge und Praktikanten auf den Beruf des Landwirtes oder auf das Landwirtschaftsstudium vor. Die Meerpohls stammen aus dem Oldenburger Land. Beide sind auf großen Höfen aufgewachsen. Maria Meerpohl verpflegt mit ihren *"Lehrmädchen"* die Bewohner des Gutshauses, sie sorgt für den Bauerngarten mit Gewächshaus, die Wäsche-

30.Ehepaar Meerpohl

pflege und die Vorratshaltung. Im Gutshaus leben Doktoranden, Praktikanten und Lehrlinge sowie Bürokräfte, immer um die 20 Personen. Dr. Meerpohls Hobby ist die Bienenzucht, die er in Frankenforst außer Konkurrenz betreibt. Liebevoll baut er das von Rothes erbaute kleine Bienenhaus am Ende des Bauerngartens zu einem Bienenparadies aus. Die Bienen danken es ihm mit guten Honigernten.

Über 100 junge Menschen werden in 23 Jahren von den Meerpohls betreut und ausgebildet. So wundert es nicht, dass das Ehepaar vor den jungen Leuten immer nur *"Onkel Alwin und Tante Mia"* genannt wird. Meerpohls sind die Seelen von Frankenforst.

Eine in der Region um Frankenforst allseits bekannte Persönlichkeit ist auch Hans Remig, im Volksmund

31.Hans Remig

nur Höhnerhäns'che genannt. Nach seiner Lehre wird Remig 1952 Geflügelzuchtmeister auf dem Versuchsgut, und auch seine Frau Ulla ist Jahrzehnte auf dem Betrieb beschäftigt. Es ist nicht nur seine glückliche Hand für die Geflügelzucht, es sind auch seine Büttenreden zur Karnevalszeit und sein politisches und soziales Engagement, die ihn in der ganzen Region bekannt machen.

So wird Hans Remig Herr über 950 Legehennen der verschiedenen Rassen, insbesondere weißer Leghorn, New Hampshire und Rhodeländer. Schweinehaltung und Rinderzucht werden auch in kompetente neue Hände gelegt. So ist ein personeller Grundstein für erfolgreiche wissenschaftliche Versuche gelegt. 1955 leben auf dem Betrieb 48 Beschäftigte. Für saisonale Arbeiten, wie Rübenhacken, Kartoffel-, Heu- und Getreideernte werden zusätzlich Arbeiter aus Vinxel und den umliegenden Orten beschäftigt.

Nach der Personalfrage ist die Beschaffung von neuen Zuchttieren eine der dringendsten Aufgaben. Es ist notwendig, aus den Hochzuchtgebieten in Norddeutschland neue Tiere einzuführen. Dort sind die Kriegseinwirkungen weniger

32. Der Zuchtbulle Feldmarschall

schlimm, und es gibt dort noch zuchtgeeignete Tiere. Schon 1946 haben Rothes und Havermann 38 Kühe und tragende Rinder angekauft, die alle aus dem Jeverland und Ostfriesland stammen. Viel Wert gelegt wird auf eine erstklassige Abstammung von bekannten Bullen. Der erste angekaufte Bulle ist Feldmarschall. Feldmarschall ist ein guter Milch- und Fett-Vererber und 20 seiner Töchter werden zur Zucht eingestellt.

Auch der Zuchtschweinebestand des Versuchsgutes muss vollkommen neu aufgebaut werden. Von dem alten Bestand wird eine Sau wieder ausfindig gemacht und zurückgeholt. Die Kriegshandlungen im Rheinland haben den Zuchtschweinebestand stark verringert, so werden in Oldenburg, Schleswig-Holstein und Westfalen Schweine aufgekauft. Die neuen Schweinestallungen auf Frankenforst berücksichtigen bereits neue Erkenntnisse über die Größe der Buchten, des Mistganges und der Isolierung gegen Feuchtigkeit. Zusätzlich wird die Mastprüfungsanstalt wieder aufgebaut. Schweine werden dort auf ihre genetische Leistungsveranlagung hin untersucht. Der Schwerpunkt liegt dabei auf den Bereichen Mastleistung, Schlachtkörperwert und Fleischbeschaffenheit. Die Mastprüfungsanstalt nimmt 1952 ihre wieder Arbeit auf, nachdem die ersten baulichen Voraussetzungen geschaffen sind.

1955 ist der Viehbestand von Frankenforst wieder auf einem sehr hohen Niveau. Die Voraussetzungen für die wissenschaftlichen Versuche sind gegeben. Nun kommt es darauf an, die Wiesen und Äcker für den Futterbaubetrieb aufzubereiten. Nach einer 1950 erfolgten Flurbereinigung hat Frankenforst nun eine Gesamtgröße von 108,7 ha. 20 ha davon sind Wald, der in Zusammenarbeit mit dem zuständigen Forstamt bewirtschaftet wird. Langsam wird der schlechte Zustand der Feldwege verbessert und die im Krieg zerstörte Dränage der Felder wiederhergestellt. Die Felder werden in der rheinischen Fruchtfolge bestellt: Rüben, Weizen, Kartoffeln, Roggen, Klee und Sommergetreide. So ist das Grundfutter für die Viehhaltung sichergestellt.

Die Feldwirtschaft in den neuen Zeiten benötigt natürlich auch eine adäquate technische Ausrüstung. Die alte, die ohnehin nicht mehr für die modernen Anforderungen geeignet war, ging durch Plünderung und Requirierung verloren. Landwirtschaftliche Arbeiten mit Pferden zu verrichten, wie das in

früheren Jahren der Fall war, geht nun nicht mehr. Voller Stolz besichtigen die Arbeiter und Lehrlinge nun den neu erworbenen 35 PS Hanomag-Traktor mit Frontlader, der die für die Versuche nötigen Futtermengen schleppt.

Stellmacherei und Hofschmiede werden mit neuen Maschinen bestückt, automatische Melkmaschinen und moderne Futterautomaten rationalisieren die tägliche Arbeit.

33.

Nach und nach wird der für einen modernen landwirtschaftlichen Betrieb nötige Maschinenpark angeschafft.

33. Der neue Melkstall

Das hindert jedoch den Melkermeister Laub nicht, seine Milchkannen und Melkmaschinen immer noch mit einem Bullen samt Anhänger zum neuen Melkstall in den Weiden zu bringen, wo die Kühe im Sommer gemolken werden. So wird für einige Jahre ein Stück alter Beschaulichkeit in die moderne Zeit gerettet.

Ein Höhepunkt im Alltagsleben der Gutsangehörigen ist zweifellos die Anschaffung eines VW Busses. Liebevoll "Bully" genannt, transportiert er über Jahre Lehrlinge und Studenten in den Gottesdienst nach Stieldorf, im Sommer in das Schwimmbad Oberpleis oder in das Kino nach Siegburg. Einkaufsfahrten und dienstliche Verrichtungen werden mit *"Bully"* durchgeführt.

Nach Kriegsende arbeiten Strafgefangene auf Versuchsgut Frankenforst. Das sind so genannte "Freigänger", die in einem Lager in der Nähe des Ortes Geistingen untergebracht sind. Sie werden morgens mit dem "Bully" abgeholt, nach dem Arbeitseinsatz auf den Feldern im Gutshaus verköstigt und am späten Nachmittag wieder in das Lager zurückgefahren. *"Ich hatte gerade meinen Führerschein gemacht und durfte mit dem Bully Strafgefangene in ihr Lager zurückfahren. Das war ein abenteuerliches Gefühl und hat viel Spaß gemacht"* berichtet Eckhard Uhlenberg, 1966 Lehrling auf Frankenforst.

Diese Arbeitseinsätze unter Bewachung von Wächtern des Zuchthauses Siegburg gibt es bis Ende der sechziger Jahre.

Nach den Hungerwintern der Nachkriegszeit, der Währungsreform und der Gründung der Bundesrepublik Deutschland, entsteht langsam wieder ein einigermaßen normales Alltagsleben. Die prekäre Finanzlage bessert sich, das Wirtschaftswunder beginnt.

34. Erntefest-Überreichen der Erntekrone

1951 feiert Gut Frankenforst das erste große Erntefest nach dem Krieg. Eingeladen sind alle, die im Verlauf des Jahres auf dem Gut gearbeitet haben: die Bauern der Vinxeler Höfe, Handwerker aus den umliegenden Dörfern, die Doktoranden, Studenten und Angestellten des Institutes für Tierzucht und Tierfütterung in Bonn und die Mitarbeiter auf dem Hof. Es ist ein herrliches Fest. Um 16 Uhr trifft man sich vor dem Gutshaus zum Überreichen der Erntekrone, anschließend gibt es Kaffee und Buttercremetorte, Streusel- und Marmorkuchen und später ein reichliches Abendbuffet mit Herrlichkeiten wie Würstchen und Kartoffelsalat, Schnittchen, gefüllte Eier und Tomaten und natürlich Käseigel. Solche Köstlichkeiten hat man lange entbehrt. Eine Kapelle spielt zum Tanz und es wird gefeiert bis in den frühen Morgen.

Prof. Dr. Havermann kennt den Wert gemeinsamer Festlichkeiten, auf denen man viele private Gespräche pflegt, die man im Alltag sonst nicht geführt hätte. Wichtig ist ihm auch, die Distanz zwischen den wissenschaftlichen Mitarbeitern und der noch bäuerlichen Gesellschaft der umliegenden Orte zu verringern. So entstehen nach den spaltenden Nazi- und Kriegsjahren wieder enge Beziehungen zu den Handwerkern und Bauern der Nachbardörfer. Neue Zusammenarbeit und Verständnis füreinander entwickelt sich wieder. Vom Jahr 1952 an beteiligt sich das Gut an dem Erntefest des Dorfes Vinxel und nimmt mit einem Festwagen am Umzug teil. Auf dem Hof werden alle Festeilnehmer mit einem "*Kla*ren" begrüßt. Die gemeinsamen Anstrengungen um den Wiederaufbau und die Zukunft schaffen eine besondere, einzigartig familiäre Atmosphäre, die in der Geschichte des Gutes einmalig ist.

Erntefeste, Karnevalsfeste und die jährliche Treibjagd des leidenschaftlichen Jägers Heinrich Havermann sind die Höhepunkte des Gutslebens und werden durch das nimmermüde Engagement des Administrators Meerpohl und seiner Frau zu einem Frankenforster Brauchtum, das bis in die Mitte der 60er Jahre gepflegt wird. Dann spalten die Auseinandersetzungen zwischen Kriegs- und Nachkriegsgeneration die Gesellschaft aufs Neue, und die Wirkungen der Studentenbewegung beenden auch in Frankenforst viele Traditionen.

35. Erntezug auf dem Gut

Frankenforst ist in den 50er Jahren verkehrsmäßig überaus schwer erreichbar. Der öffentliche Nahverkehr nach Vinxel ist kaum entwickelt, und einen Besuch von Tanzveranstaltungen oder Kinos usw. in Oberkassel oder Oberdollendorf ist nur durch einen Fußmarsch möglich. Für die

Mitarbeiter auf dem Hof wird 1954 ein Fernsehgerät angeschafft, eines der ersten in der Umgebung. Die Fußballweltmeisterschaft kann nun ohne große Wege miterlebt werden. Auch Teile der Dorfjugend von Vinxel nehmen mit den Frankenforstern so an diesem großen Ereignis teil.

Im November 1954 findet in der jungen Bundesrepublik der erste Staatsbesuch statt. Der Besucher ist der äthiopische Kaiser Haile Selassie, dessen Landwirtschaftsminister im Rahmen des Staatsbesuches Frankenforst besichtigt. Der Besuch legt einen Grundstein für

36.Der äthiopische Landwirtschaftsminister auf Frankenforst

die Zusammenarbeit der Landwirtschaftlichen Fakultät der Universität Bonn und dem äthiopischen Staat, die bis heute besteht.

Das Gästebuch auf Frankenforst kann von vielen prominenten Besuchern aus allen Erdteilen berichten, die voller Interesse, teils aber auch mit Argwohn und Misstrauen, die neuen Entwicklungen in der Bundesrepublik Deutschland beobachten. Jährlich erhält der Hof 5.6000 Besucher aus dem gesamten Bundesgebiet, denen Frankenforst gangbare Wege in die neuzeitliche Landwirtschaft aufzeigt.

In Bonn wird 1956 der Neubau des Institutes für Tierzucht und Tierfütterung fertiggestellt. Dr. Heinrich Havermann führt dort, als erster in der Bundesrepublik, das Hollerithverfahren[85] für die Tierzucht ein. Es ermöglicht die Bewältigung großer Datenmengen und beschleunigt die Forschung.

---

[85]Lochkartenverfahren, die Lochkarte (LK) ist ein aus Spezialpapier gefertigter, in der Datenverarbeitung bis in die 1970er Jahre zur Datenerfassung und Speicherung häufig verwendeter Datenträger.

37.Bundespräsident Theodor Heuss auf Frankenforst

Ein Jahr vorher ist Versuchsgut Frankenforst nun 25 Jahre lang ein akademischer Lehr- und Forschungsbetrieb. Die Einweihung des neuen Institutes auf der Endenicher Allee 15 in Bonn und das Jubiläum des Gutes werden unter Beteiligung prominenter Gäste in Bonn und auf dem Hof gefeiert. Prof. Dr. Theodor Heuss, seit 1949 der erste Bundespräsident der Bundesrepublik, besichtigt den Hof und diskutiert mit den Mitarbeitern des Gutes über neue Entwicklungen in der Forschung.

Die enge Verbindung zwischen Institut, Versuchsgut und Leistungsprüfungsanstalt bieten nun Havermanns Mitarbeitern, Doktoranden und Studenten ein reiches Betätigungsfeld. Heinrich Havermann, weit gereist, beobachtet sorgfältig die wissenschaftlichen Entwicklungen in den USA, England, Skandinavien und vielen anderen Staaten. Er weiß, dass Frankenforst unbedingt sein akademisches Ansehen weiter entwickeln muss. Finanzielle Mittel fließen in diesen Zeiten nicht so üppig, Havermann erreicht mit viel Überzeugungsarbeit und Engagement, dass die Industrie ihm Gelder zur Verfügung stellt. Das ist nicht unumstritten, aber es gelingt ihm, nie in Abhängigkeit von den Geldgebern zu kommen.

In den 60er Jahren verdrängen große Agrarbetriebe mit ihrer modernen Technik kleine Landwirtschaftsbetriebe. In Vinxel und der Region hat das Sterben der kleinen Höfe längst eingesetzt. Von den 12 Höfen, die in Vinxel nach dem Krieg existieren, bleiben zwei übrig. Die letzte Kuh verlässt Vinxel Ende der 60er Jahre. Eine Entwicklung, die die gesamte deutsche Landwirtschaft kennzeichnet. Diese Entwicklung wird auch durch die Flurbereinigung und die

Agrarpolitik in der EU begünstigt. Die Marktordnungsregeln der EU haben den Konkurrenzdruck im europäischen Raum so erhöht, dass eine weitere Produktionssteigerung unvermeidlich ist. Außerdem hat sich der Geschmack der Käufer verändert. Sie verlangen nach fettarmen Fleischprodukten: *"Während die Käufer in der Kriegszeit und in den mageren Jahren nach dem Zusammenbruch nur fette Schweine, also Schweine mit einem hohen Fettanteil forderten, macht sich seit einiger Zeit ein tiefgreifender Wandel des Käufergeschmacks immer deutlicher bemerkbar: Man verlangt fettarmes Fleisch. Die Verzehrgewohnheiten haben sich so entscheidend geändert, dass man teilweise schon von einer Fettablehnung sprechen kann[86] "*

In Deutschland werden 40% des Schweinefleischs zu Wurstwaren verarbeitet, so kann Prof. Havermann das Fett nicht einfach wegzüchten, außerdem ist sehr mageres Schweinefleisch nicht saftig und schmackhaft. Den Wünschen der Verbraucher muss Rechnung getragen werden. Frankenforst kauft junge Schweine von privaten Züchtern.

---

[86]Der Spiegel, 30.Juli 1958-Das Bonner Idealschwein

Die Jungtiere erhalten ihr Futter nach genauen Plänen. Die Direktive ist, mit weniger Futter mehr Fleisch zu erzeugen. Es gelingt Heinrich Havermann und seinen Mitarbeitern in den 60er Jahren ein "*marktgerechtes*" Schwein zu züchten. Es ist lang und mager hat ein Rippenpaar mehr als früher und ausgeprägte Schinken. Damit öffnet sich die Forschung den Bedürfnissen des Marktes. Vom Ende der 60er Jahre an bestimmt der Verbraucher wie nie zuvor die Ziele der Tierzucht. Neben der Fleischmenge ist die Qualität in der Tierzucht von enormer Wichtigkeit. Auch die Gesundheit der Klauen oder Charaktereigenschaften und Verhaltensmuster wie Nervosität werden bei der Zucht berücksichtigt. Bei Milchkühen sind vor allem die Milchmenge, die Eutergesundheit sowie der Eiweiß- und Fettgehalt der Milch die markanten Zuchtkriterien.

In der Hühnerzucht bestimmen Fütterungsversuche zur Beeinflussung der Eierqualität unter Einsatz verschiedener Wirkstoffe und das Protein/Energieverhältnis die Versuchsreihen. Vergleiche in der Hühnerhaltung zwischen Boden-, Freilandhaltung und verschiedenen Käfigsystemen nehmen einen breiten Raum ein. Um die Versuche zu beschleunigen, setzt Prof. Havermann japanische Wachteln als Pilottiere für Hühnerversuche ein, sie vermehren sich schneller als ihre größeren Verwandten und legen größere Eiermengen.

Bis zum Ablauf des Jahres 1960 haben 59 Doktoranden unter Prof. Havermanns Leitung ihre Promotion vollendet, davon vier aus dem Ausland und ihren Doktorgrad erlangt. Dabei sind die Möglichkeiten, die Frankenforst zur wissenschaftlichen Erprobung bietet, von größter Bedeutung. Das Gut ist auf einen Stand gebracht, der die besten Voraussetzungen für intensive wissenschaftliche Forschung bietet.

Die schon angesprochenen neuen Marktbedingungen und der Schrumpfungsprozess in der Landwirtschaft lässt in der Politik und auch in der Hochschule Stimmen laut werden, die, hauptsächlich aus Kostengründen, Frankenforst einer anderen Verwendung zuführen wollen. Prof. Havermann kämpft erbittert dafür, dass der Betrieb seinem Institut erhalten bleibt. Dank seiner Überzeugungskraft, seinem großartigen Verhandlungsgeschick und seiner Reputation als Wissenschaftler schafft er es, die zuständigen Minister und die Gremien der Universität zu überzeugen. Das Gut bleibt dem Institut für Tierzucht und Tierernährung erhalten.

Mit der Studentenbewegung setzt Mitte der 60er Jahre ein gesellschaftlicher Umbruch ein, der auch in Frankenforst spürbar wird. Die „herrschenden Verhältnisse“ der 50er Jahre werden heftig kritisiert. Eine große Regierungskoalition wird 1966 mit der Absicht gebildet, die wirtschaftliche Rezession zu überwinden. Doch das Einvernehmen zwischen den beiden großen Volksparteien, die relative Bedeutungslosigkeit der parlamentarischen Opposition und der damit verbundene Funktionsverlust des Parlaments nähren vor allem bei einem großen Teil der akademischen Jugend ein bereits vorher gespürtes und artikuliertes Unbehagen am politischen und gesellschaftlichen System der Bundesrepublik. Die Forderung nach einer Reform der Hochschulen wird immer lauter. Die Phase zwischen 1965 und 1973 gilt allgemein bildungspolitisch, wie auch bezüglich des Hochschulwesens, als eine der wichtigsten Reformperioden. Sie bindet aber auch die Kräfte der Hochschullehrer und drückt auf die Stimmung der Studierenden. Das äußert sich in Bonn oft in lauten, leider auch manchmal gewaltsamen Protesten. Das macht sich im Institut und auf Frankenforst durch Konflikte zwischen den wissenschaftlichen Mitarbeitern bemerkbar. Ihre Haltung zu den Zielen der Studentenbewegung ist unterschiedlich. Diese Divergenzen kosten Zeit und Nerven, und natürlich gehen sie auf Kosten des Betriebsklimas auf dem Hof. Das Ende der *"Familie Frankenforst"* ist da. Die alten Strukturen zerfallen. Heinrich Havermann begrüßt die Hochschulreform, erfüllt sie doch seine Bestrebungen nach Emanzipation und der Entwicklung demokratischerer Strukturen in der Universität. Die folgenden fachlichen Auseinandersetzungen belasten ihn und viele Mitarbeiter jedoch sehr.

Allen Widerständen zum Trotz verfolgt er den weiteren Ausbau des Versuchsgutes hartnäckig. Neue Wohnungen für Betriebsangehörige werden gebaut, die Stallungen weiter modernisiert. 1970 hat Versuchsgut

Frankenforst ein neues Gesicht bekommen und ist mittlerweile weltweit ein Richtungsgeber für die landwirtschaftliche Praxis.

1971 stirbt Heinrich Havermann plötzlich im Alter von 62 Jahren. Er ist auf dem Stieldorfer Friedhof bestattet. Für seine Familie, seine Mitarbeiter und seine Studenten kommt sein Tod völlig unerwartet. Hinterlassen hat er ein großes Lebenswerk, das deutliche Spuren für die wissenschaftliche Entwicklung der Tierzucht nach 1945 hinterlässt.

38.Prof. Dr. F. Schmitten u. Frau Prof. Dr. R. Wegner

Nachfolger auf dem Lehrstuhl für Tierzucht und Tierfütterung und Direktor von Versuchsgut Frankenforst wird 1973 Prof. Dr. Franz Schmitten, der Havermanns Schüler ist und 1967 unter ihm habilitiert hat. Alle Bewohner des Gutes wissen, dass nun auf dem Hof wieder ein Wandel beginnen wird. Die Schwerpunkte der Forschung ändern sich. Neben der angewandten wissenschaftlichen Arbeit in den Bereichen der Fütterung von Kälbern, Mastrindern, Schweinen und Legehennen und diversen Zuchtprojekten bildet sich mit der Erforschung der Fleischqualität beim Schwein ein neuer Schwerpunkt der Grundlagenforschung.

Die Entwicklung d. Gutes Frankenforst ab 1971

von Dr. Josef Griese

39. Frankenforst-Luftbild

Mit dem Ausscheiden von Administrator Dr. Alwin Meerpohl und seiner Ehefrau Maria, die bis dahin die Hauswirtschaft des Gutes geleitet hatte, zum 31.10.1976 endet eine nahezu 25-jährige Ära in der Betriebsleitung des Versuchsgutes. Zum Nachfolger wird am 01.11.1976 Dr. Josef Griese als neuer Administrator eingestellt. Er leitet den Gutsbetrieb bis zum Jahr 2017.

Am 01.07.1977 zerstört ein Brand Teile des Kuhstalles und den Rindermaststall. Der Kuhstall wird in den Folgejahren wieder aufgebaut. Der Rindermaststall wird vollständig neu errichtet und dient nach seiner Fertigstellung im Jahr 1983 der Unterbringung von Mastrindern (Bullen und Färsen) sowie von Mastkälbern zur Durchführung zahlreicher Forschungsvorhaben im Bereich der Rinder- und Kälbermast. Im Bereich der Schweinehaltung wird im gleichen Jahr ein moderner Stall für die Sauenhaltung und Ferkelerzeugung in Betrieb genommen.

Dr. Konrad Finke, seit 1965 Leiter der Leistungsprüfungsanstalt für Schweine und zugleich verantwortlich für das gesamte Versuchswesen in der Schweinehaltung, wird am 01.07.1977 zum Professor der Universität Bonn ernannt und übernimmt die wissenschaftliche Leitung der neu an das Institut für Tierzucht und Tierfütterung angegliederten Abteilung Tierhaltungstechnik. Nachfolger von Dr. Finke im Versuchsgut Frankenforst wird Dr. Heinrich Jüngst, der die Leitung der Leistungsprüfungsanstalt und des Versuchsschweinebereiches am 01.02.1978 übernimmt.

In der Zeit vom 05.03. – 29.03.1982 brannten - verursacht durch insgesamt drei Brandstiftungen - einige ältere Schweineställe ab, die in der Folgezeit teilweise wieder aufgebaut wurden, dies stets unter Berücksichtigung einer Nutzung für wissenschaftliche Versuchsanstellungen.

Zum Ende des Sommersemesters 1994 wird Herr Prof. Dr. Franz Schmitten emeritiert. Nachfolger wird zum 01.10.1996 Herr Prof. Dr. Karl Schellander. Er übernimmt damit den Lehrstuhl für Tierzucht und Tierhaltung und auch die wissenschaftliche Leitung des Versuchsgutes Frankenforst.

Mit Prof. Schellander ändert sich die wissenschaftliche Ausrichtung des Versuchsgutes gravierend: Rindermast und Kälbermast werden nicht weiter betrieben, die Mutterkuhhaltung wird aufgegeben. Der wissenschaftliche Focus liegt von nun an sowohl beim Schwein als auch beim Rind auf der Genomanalytik und Gendiagnostik sowie auf der Reproduktionsbiologie und der preimplantativen Genetik. Der Rinderbestand wird der neuen wissenschaftlichen Ausrichtung in der Weise angepasst, als eine Empfängerherde von etwa 70 Fleckviehrindern und –Färsen gehalten wird, die ausschließlich wissenschaftlichen Versuchsanstellungen dient. Dem neuen wissenschaftlichen Focus wird auch in der Weise Rechnung getragen, dass im Jahr 2000 ein Einzelwohnhaus an der Pappelallee zu einem Biotechnologielabor umgebaut wird, das personell mit einem wissenschaftlichen Mitarbeiter und einer Laborkraft sowie einigen Doktoranden und Studierenden der Agrarwissenschaft, die dort ihre in der Regel experimentellen Diplom-, Bachelor- und Masterarbeiten erstellen, ausgestattet ist.

In dieser Zeit beginnt auch inneruniversitär – nicht zuletzt aus finanziellen Überlegungen - eine Diskussion über die generelle Ausrichtung und Struktur der Versuchsgüter der Landwirtschaftlichen Fakultät. Im Ergebnis müssen die Versuchsgüter, zwischenzeitlich umbenannt in Lehr- und Forschungsstationen, erhebliche personelle Einsparungen hinnehmen, die in Frankenforst dazu führen, dass die Hauswirtschaft, die täglich die Mehrheit der Mitarbeiter verpflegte, geschlossen wird. Das Personal in der Geflügelhaltung, in der Außenwirtschaft, in der Betriebswerkstatt und in der Rinderhaltung muss erheblich reduziert werden, so dass bis zum Jahr 2008 insgesamt 8 Vollzeitstellen weggefallen sind und von ehedem insgesamt 27 Vollzeitstellen nur noch 19 Stellen zur Verfügung stehen.

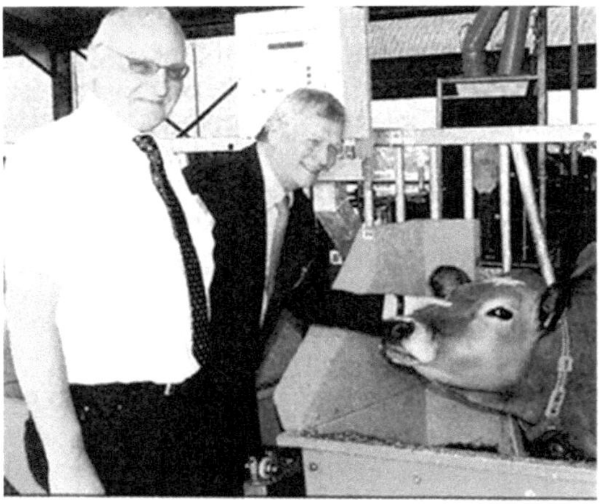

40. Dr. Josef Griese mit dem damaligen Landwirtschaftsminister Eckhard Uhlenberg

Die strukturellen Entscheidungen der Universität führen zur Aufgabe mehrerer Lehr- und Forschungsstationen und einer Zusammenlegung der Forschungsarbeiten der Pflanzenwissenschaften im Campus Klein-Altendorf bei Meckenheim, der ehemaligen Gutswirtschaft Klein-Altendorf und der Obstversuchsanlage Klein-Altendorf. Das vom Rektorat der Universität favorisierte Ein-Standort-Modell mit der Verlagerung der Tierhaltung und aller damit verbundenen Forschungsarbeiten von Frankenforst zum Campus

Klein-Altendorf würde eine Aufgabe des Standorts Franken-forst bedeuten. Diese Option ist allerdings aus finanziellen Gründen bisher nicht umgesetzt worden. Im Gegenteil: Mit dem Bau eines modernen, hochtechnischen Kuh-stalls für 62 Milchkühe in der Lehr- und Forschungsstation Franken-forst, der im April 2009 fertig gestellt und in Betrieb genommen wurde, gilt der Standort Frankenforst zumindest mittelfristig als gesichert.

Dieser Stall mit Tier individueller Datenerfassung in der Fütterung (Grundfutter und Kraftfutter), umfangreicher und zunehmend erweiterbarer Sensortechnik bildet ein Forschungszentrum für nachhaltige Milchwirtschaft mit einem interdisziplinären Forschungsansatz.

Die Geflügelhaltung (Legehennen) ist im Laufe der Jahre an die wissenschaftlichen Anforderungen und an die zur Verfügung stehenden Personalkapazitäten angepasst worden. Einer Reduzierung des Bestandes von ehedem bis zu 5000 Legehennen in den 70-er Jahren des vergangenen Jahrhunderts auf aktuell etwa 900 Tiere steht eine Anpassung der Haltungstechnik an die wissenschaftlichen Anforderungen gegenüber, die Beobachtung des Einzeltiers hat höchste Priorität im Forschungsansatz.

Veränderte Strukturen in der deutschen Schweinezucht und ein stark abnehmendes staatliches Engagement in der Förderung der Tierzucht führen schließlich dazu, dass die Leistungsprüfungsanstalt für Schweine am Standort Frankenforst zum Jahresende 2012 ihre hoheitliche Tätigkeit beenden wird. Die Stallkapazitäten werden allerdings für die Durchführung wissenschaftlicher Versuchsanstellungen weiter genutzt.

War Frankenforst in den 60-er und 70-er Jahren des vergangenen Jahrhunderts neben seiner Funktion als Forschungseinrichtung mit einem überwiegend anwendungsorientierten Forschungsansatz auch noch ein Musterbetrieb, wo sich jährlich mehrere Tausend Besucher über den aktuellen Stand der Tierhaltung informierten und sich insbesondere die praktischen Landwirte neue Ideen für die Entwicklung des eigenen Betriebes holten, so reduzierte sich die Zahl der Besucher aus der landwirtschaftlichen Praxis mit zunehmender Grundlagenforschung bis heute sehr deutlich. Die Stalleinrichtungen und Haltungstechniken für die Versuchstiere wurden im Laufe der Jahre primär nach den Erfordernissen der Forschung ausgewählt mit der Folge, dass die moderne Technik der Versuchstierhaltung in Frankenforst zunehmend weniger für die Umsetzung in die landwirtschaftlichen Betriebe geeignet war. Heute ist Frankenforst weiterhin Anlaufpunkt für die Wissenschaftler aus aller Welt. Die zunehmende Entfremdung der Gesellschaft von der heutigen modernen und intensiven Landwirtschaft erfordert auch, dass sich die Lehr- und Forschungsstation Frankenforst der Aufgabe stellt, gesellschaftlichen Gruppen die Möglichkeit zu geben, eine Versuchstierhaltung zu besichtigen und Informationen aus erster Hand zu den aktuellen Fragen und Problemen der Tierhaltung zu erhalten. Dieser Aufgabe stellen sich die Verantwortlichen der Lehr- und Forschungsstation gern.

Frankenforst steht heute allen Instituten der Landwirtschaftlichen Fakultät als Forschungsstätte zur Verfügung. Darüber hinaus nutzen auch die Institute anderer Fakultäten (z.B. Math. Nat. Fakultät, Medizinische Fakultät) die

Versuchs- und Lehrmöglichkeiten im Bereich der Tierhaltung und auch im Bereich der land- und forstwirtschaftlichen Flächen. Die vielfältige Geologie des Siebengebirges

ist auch auf den Betriebsflächen abgebildet. Geologen und Geographen finden auf dem Gutsareal stark variierende Böden und geologische Formationen – ein Eldorado für jeden Wissenschaftler. Die nachstehenden Betriebsdaten geben einen aktuellen Überblick über die Betriebsgröße, die Nutzung der landwirtschaftlich genutzten Fläche und den Umfang der Versuchstierbestände.

Betriebsdaten aktuell (Stand Juli 2012)

Betriebsfläche:

Ackerland 34,03 ha

Grünland 70,13 ha

Landw. genutzte Fläche (insgesamt 104,16 ha)

Wald	20,87 ha
Ödland/Unland	0,46 ha
Gebäude/Hofraum	6,50 ha
Sonstiges (Wasserfl., Wege)	3,01 ha
Betriebsfläche insgesamt	135,00 ha
davon Zupachtfläche	23,00 ha

Tierbestand:

Rinder (Stand 15.07.2012)

Milchkühe	63 Stück
Rinder, wbl., ≥ 2 Jahre	29 Stück
Rinder, wbl., 1-2 Jahre	46 Stück
Rinder, wbl., ½-1 Jahr	11 Stück
Kälber, wbl., ≤ ½ Jahr	20 Stück
Ochsen	6 Stück
Rinder insgesamt	173 Stück

Schweine:

Zuchtsauen	70 Stück
Eber	5 Stück
Jungsauen	20 Stück
Ferkel	250 Stück
Mastschweine	400 Stück

Schafe	20 Stück
Legehennen	800 Stück
Wachteln	150 Stück

Quellen:

Archivalien

HStA Düsseldorf, Jülich- Berg II, Signatur6367

HStA. Regierung Köln 1332Aufzeichnungen d. Kreisphysikers Anton Lohmann,

LAV Düsseldorf, 121.90.00-Stift Schwarzrheindorf, Verzeichniseinheit Urkunden 101-102, Nr. 21 u. 33

LAV Düsseldorf, Urkunde vom 17.09.1687 und vom 19.10.1697

Stadtarchiv Remscheid /Zivil und Personenstandsregister, Signatur R/

Firmenarchivalien, Signatur F und Signaturen: N, S, V

Archiv der Stadt Remscheid, Das Geschäftsarchiv d. Exportfirma J. B. Hasenclever Söhne, RS-Ehringhausen, 1970

Archiv des Dekanats der Landwirtschaftlichen Fakultät Bonn-Poppelsdorf, Akten 1930-1970

Archiv der Universität Bonn, LWT I, UV 69,

Archivalien des Versuchsguts Frankenforst, Personalakten 1946-1971 ohne Sperrfrist

Ungedruckte Quellen

Meerpohl, Dr. Alwin

Wirtschaftsbericht des Gutes Frankenforst 1954

Griese, Dr. Josef

Gut Frankenforst-vom Adelssitz zum Versuchsgut

2011 (Manuskript für Vorträge u. kleine Publikationen)

Peter Adrian, Bonn-Oberkassel

Familiengenealogie der Familie Döninghaus

Mündliche Mitteilungen

Mitteilungen von Prof. Dr. Georg Rothes an Heinrich Havermann über Frankenforst, betreffend Zeitraum 1932-1960

Mitteilungen von Prof. Dr. Heinrich Havermann über Frankenforst, an Gabriele Wasser, betreffend Zeitraum 1936-1971

Mitteilungen von Dr. Hans-Dietrich Berns, über Frankenforst betreffend den Zeitraum 1931-1939 an Georg Rothes und Heinrich Havermann

Mitteilungen von Hans Becker, Frankenforst 1933-1937, an Heinrich Havermann 1949

Mitteilungen von Dr. Albert Dietz, über Frankenforst an Heinrich Havermann, Zeitraum 1929-1943

Mitteilungen von Michael Feinen, Aachen betreffend Gut Dikopshof und Georg Rothes an Gabriele Wasser,2017

Mitteilungen von Rudolf Pieper, über Frankenforst und Vinxel, 03.08.2011

Mitteilungen von Eckhard Uhlenberg, Werl, betreffend Tätigkeit seiner Eltern auf Frankenforst vom 25.08.2011 u. seine eigene Ausbildung 20.02.2012 an Gabriele Wasser

Mitteilung von Dieter Runge, Bad Honnef. Kriegshandlungen im Siebengebirge 1945, 12.08.2011 u. 05.06.2012 an Gabriele Wasser

Mitteilung von Familie P. Adrian, Bonn, über Familie Döninghaus, August 2011 an Gabriele Wasser

Mitteilung der Nachfahren Klein, September 2011 an Gabriele Wasser

Mitteilung von Jürgen Schmitz, Bremen, betreffend Fam. Döninghaus, Nov. 2012 an Gabriele Wasser

Mitteilung von Karl Schumacher, betreffend Zwangsarbeit, 20.September 2012 an Gabriele Wasser

Mitteilungen von Frau Ilse Suvgenor/Ashurst Neuseeland über die Ausbildung ihrer Mutter 1932-1935 an Dr. Josef Griese u. Maria Havermann/Gabriele Wasser August 1994

Mitteilungen von Prof. Dr. Rose-Marie Wegner, betreffend Frankenforst 1951-1971, an Gabriele Wasser, Celle 1979

Mitteilung von Alexander Wierichs an Gabriele Wasser betreffend A. Klaßen /2018/2019

Gedruckte Quellen

Adressbuch des Kreises Sieg 1894

Adressbuch des Kreises Sieg u. Waldbröl 1900

Adressbuch des Siegkreises 1910

Adressbuch des Siegkreises 1925

Adressbuch des Siegkreises 1934/35

Adressbuch des Siegkreises 1940

Adressbuch des Siegkreises 1950

Adressbuch des Siegkreises 1955/56

Adressbuch des Siegkreises 1959/60

Adressbuch der Stadt Königswinter 1972

Arbeiten aus dem Institut für Tierzucht u. Tierfütterung d. Rheinischen Friedrich-Wilhelms-Universität Bonn, Heft 46/Festschrift für Professor Dr. Heinrich Havermann zum 60. Geburtstag

Berns, Hans-Dietrich
Der Einfluss der Witterung auf die Milch und Fettleistung der Kühe während der Weidezeit, Bonn 1936

Bürgerverein Stieldorf

1100 Jahre Stieldorf

1995

Bürgerverein Vinxel

40 Jahre Bürgerverein Vinxel

1992

Delvos, Christian

Geschichte der Pfarreien des Dekanats Siegburg

Köln 1896

Dreesbach, Franz

Protokoll u. Verwaltungsbuch der Kapellengemeinde Vinxel

1964

Droysen von, Johann Gustav

Friedrich I. König von Preußen

Festschrift Prof. Rothes zum 65 Geburtstag

1951

Festschrift zum Jubiläum der landwirtschaftlichen Fakultät, Juni 1997
150 Jahre Lehre und Forschung in Poppelsdorf
Bonn 1997
Fuhr, Wilbert
Der Einsatzflughafen Eudenbach, Bau und Belegung von 1936-1945
Eudenbach 1998

Havermann, Klaus / Kellermann, Volkmar
800 Jahre Vinxel
Oberpleis1973

Havermann, Dr. Heinrich
Versuchsgut Frankenforst
Bonn 1955

Havermann, Dr. Heinrich
Bonner Gelehrte Beiträge zur Geschichte der Wissenschaften in Bonn, Georg Rothes
Bonn 1971

Hey, Willi

Oberkassel im Krieg und in der Nachkriegszeit

1995

Hoitz, Markus

Die Aufhebung der Abtei Heisterbach

Königswinter 1987

Linn, Dr. Heinrich

Quellen zur Geschichte des Rhein-Sieg-Kreises Band 14

Topographie des Siegkreises

Siegburg 1997

Linscheid, Dr. J.

Vorträge der 26. Hochschultagung der landwirtschaftlichen Fakultät

Bonn 1972

Levison, Wilhelm

Die Bonner Urkunden des frühen Mittelalters

Bonn 1932

Maaßen, Hubert Christian

Geschichte der Pfarreien des Dekanats Königswinter, Köln 1890

Maaßen, Hubert Christian

Geschichte der Pfarreien des Dekanats Bonn I

Köln 1894

Pippon, Toni

Ortskunde der Pfarre und Gemeinde Stieldorf

1927

Quilling, Adolf Paul,

Neues zum Frankenforster Hof in Vinxel bei Bonn

Die Laterne, 31. Jahrgang, 2004, Nr. 1

Rinne, Will

Moritz Böker, Ein bergischer Wirtschaftsführer

1940

Ringel, H.

Das Geschäftsarchiv d. Exportfirma J. B. Hasenclever Söhne, RS-Ehringhausen

1970

Rothes, Prof. Dr. Georg,

Dietz, Dr. Albert,

Die rheinische Rindviehzucht in den letzten 100 Jahren
Bonn 1933

Rothes, Prof. Dr. Georg
Wirtschaftsbeschreibung des Tierzuchtgutes Frankenforst
d. Universität Bonn
1936

Rothes, Prof. Dr. Georg, Hrsg.
Vorträge der 7. Hochschultagung der landwirtschaftlichen Fakultät, 1953
Vorträge der 10. Hochschultagung der landwirtschaftlichen Fakultät, 1956

Schmitz, Ferdinand
Urkundenbuch der Abtei Heisterbach,
Bonn 1908

Siebengebirgsmuseum der Stadt Königswinter
Vor 60 Jahren - Kriegsende im Siebengebirge
2005

Strange, Josef
Beiträge zur Genealogie der adligen Geschlechter XI

von Mehring, F.E.
Geschichte der Burgen, Rittergüter, Abteien und Klöster in den Rheinlanden und den Provinzen Jülich, Kleve, Berg und Westfalen Heft 1-8
Köln 1840

Zenker, Dr. Peter
Zwangsarbeit in Siegburg
Siegburg 2005

Zeitungsberichte

Westdeutscher Beobachter, Jahrgang 1936, 17. Juni 1936
Deutsche Wirtschaftsgeflügelzucht, 6. Jahrgang, Heft 12, 19.12.1953
Der Spiegel, 30.Juli 1958 -Das Bonner Idealschwein-
Generalanzeiger-Bonn, 18. Februar 2008

Bildquellennachweis:

Besiedelung des Rheintales und des Siebengebirges im 9. Jahrhundert, G. Wasser

Kloster Seligenthal, Wikipedia

Schloss Allner, G. Wasser

Möglicher Baubestand v. Frankenforst im Mittelalter, Dr. J. Griese

Steinkreuz der Familie Blesgen im Park von Frankenforst, Eli Harnik

Abtei Heisterbach, Stahlstich, G. Wasser

Karte 1825, Universität Bonn (Versuchsgut Frankenforst)

Hirzberg, Frankenforst, Eli Harnik

Kapelle von Vinxel, Eli Harnik

Gutshaus Frankenforst ca. 1900, Universität Bonn (Versuchsgut Frankenforst)

Die "Polenbude", Rudolf Pieper

Gutshaus Frankenforst nach Fertigstellung ca. 1903, Jürgen Schmitz

Das Gutsbesitzer Ehepaar mit Familie und Mitarbeitern auf der Terrasse, Jürgen Schmitz

Hofausfahrt nach dem Weiher und auf die Felder, Jürgen Schmitz

Frau Döninghaus und ihre Kutsche, Universität Bonn (Versuchsgut Frankenforst)

Herrenhaus Frankenforst nach Umbau durch Hasenclever, G. Wasser

Das Ehepaar Hasenclever mit seiner Kutsche vor dem Herrenhaus, Universität Bonn (Versuchsgut Frankenforst)

Dr. hc. Heinrich Steiger, Wikipedia

Prof. Dr. Georg Rothes 1954, G. Wasser

Zuchtinspektion 13.06.1934, 3.v.li. Heinrich Havermann, rechts Tierzuchtinspektor Werner Hünerlein, G. Wasser

Georg Rothes mit Besuchern - 1935, Ilse Suvgenor

Demonstration einer Schafschur auf Frankenforst - 1934 (2. v. links: H. Havermann, G. Wasser)

Reportage des Reichsrundfunks 1936, Pfeil: Kuno v. Eltz-Rübenach, G. Wasser

Rothes bei einem Besuch in Frankenforst 1934 (Rechts: Heinz Rothes jun., Mitte: Ehepaar Klaßen, links Verwalter Wilhelm Koch, Im Hintergrund der Carrara Marmor, Ilse Suvgenor

Ehepaar Uhlenberg, E. Uhlenberg

Dr. Heinrich Lübke bei einem Besuch auf Frankenforst - 1954, G. Wasser

Das erste Pferdegespann nach dem Krieg - 1949, G. Wasser

Prof. Dr. Heinrich Havermann, G. Wasser

Ehepaar Meerpohl - 1959, G. Wasser

Hans Remig, G. Steeg

Feldmarschall, G. Wasser

Die ersten Maschinen nach 1950, G. Wasser

Melkstall am Hirzberg, Eli Harnik

Erntefest - 1951, G. Wasser

Erntefest - 1952, G. Wasser

Besuch des äthiopischen Landwirtschaftsministers - 1954, G. Wasser

Prof. Dr. Theodor Heuss 1954 auf Frankenforst, G. Wasser

Blick auf Versuchsgut Frankenforst 1968, G. Wasser

Prof. Dr. Franz Schmitten und Frau Prof. Dr. Rosemarie Wegener, G. Wasser

Dr. Josef Griese u. Landwirtschaftsminister a.D. Eckhard Uhlenberg, GA-Bonn

Im Internet

Die Lehr- und Forschungsstation Frankenforst der Universität Bonn

www.frankenforst.uni-bonn.de

Fotos und Dokumente im Großformat vom Gut Frankenforst im

www.brueckenhofmuseum-virtuell.de

in der Bilder Galerie „Gut Frankenforst - seine Geschichte"